国家自然科学基金面上项目(52174215)、国家重点研发计划课题(2023YFC3010604)
中央高校基本科研业务费项目英才培育工程专项(2022YCPY0203)资助项目

隧道施工粉尘过滤净化理论与应用

李世航　著

东南大学出版社
SOUTHEAST UNIVERSITY PRESS
·南京·

内 容 简 介

我国煤矿、岩土工程隧道掘进量已超过 13 600 km/a,均居世界首位。隧道施工产生大量粉尘,对工人健康和安全生产均造成危害。现有除尘方法多采用通风除尘和喷雾洒水等技术手段,无法有效解决隧道内粉尘污染问题,特别是对于呼吸性粉尘,其捕集效率很低。滤筒过滤除尘技术具有除尘效率高、零耗水、二次污染小等优点,尤其对呼吸性粉尘的捕集效率较高。项目团队研发了国内首套矿用滤筒过滤除尘装备,并在隧道施工中成功应用,有效解决了隧道施工过程中的粉尘污染问题。本书系统研究了隧道施工粉尘的滤筒过滤净化理论与技术,分析了滤料过滤及脉冲清灰机理,提出了滤筒过滤除尘系统设计原则及其性能参数测定方法,阐明了空气湿度、褶结构对滤料过滤的影响机理,明确了滤筒脉冲清灰降阻提效理论与方法,并介绍了该技术在京沈高铁朝阳隧道和青岛地铁 8 号线海底隧道施工中的现场应用。

图书在版编目(CIP)数据

隧道施工粉尘过滤净化理论与应用/李世航著. —南京:东南大学出版社,2023.11
ISBN 978‐7‐5766‐0322‐4

Ⅰ. ①隧… Ⅱ. ①李… Ⅲ. ①隧道施工-干式收尘-过滤-空气净化 Ⅳ. ①X734

中国版本图书馆 CIP 数据核字(2022)第 207859 号

责任编辑:姜晓乐   责任校对:韩小亮   封面设计:王玥   责任印制:周荣虎

隧道施工粉尘过滤净化理论与应用
Suidao Shigong Fenchen Guolü Jinghua Lilun Yu Yingyong

著　　者	李世航
出版发行	东南大学出版社
出 版 人	白云飞
社　　址	南京市四牌楼 2 号(邮编 210096)
经　　销	全国各地新华书店
印　　刷	苏州市古得堡数码印刷有限公司
开　　本	787 mm×1 092 mm　1/16
印　　张	11
字　　数	228 千
版　　次	2023 年 11 月第 1 版
印　　次	2023 年 11 月第 1 次印刷
书　　号	ISBN 978‐7‐5766‐0322‐4
定　　价	56.00 元

本社图书若有印装质量问题,请直接与营销部联系,电话:025‐83791830

F 前　言
FOREWORD

　　隧道施工产生大量粉尘,对工人健康和安全生产均造成危害。现有除尘方法多采用通风除尘、喷雾洒水等技术手段,无法有效解决隧道内粉尘污染问题,特别是对于呼吸性粉尘,其捕集效率很低。干法过滤除尘技术具有除尘效率高、零耗水、二次污染小等优点,尤其对呼吸性粉尘的捕集效率较高。国内,周福宝教授团队首次将脉冲滤筒除尘器应用于隧道施工,有效解决了隧道施工过程中粉尘污染问题,但存在过滤阻力大、清灰不彻底的问题。为此,本书系统研究了隧道施工过程中干法过滤除尘理论与技术,分析了滤料过滤和脉冲清灰机理,提出了干法过滤除尘系统设计原则及其性能参数测定方法,研究了空气湿度、褶结构对滤料过滤的影响,攻克了脉冲清灰降阻提效关键技术,并在中铁四局京沈高铁朝阳隧道和中铁二局青岛地铁8号线海底隧道施工中进行了现场应用。主要成果和结论如下:

　　第一,构建了亚微米颗粒过滤加载实验系统,揭示了空气湿度和粉尘颗粒吸湿性对滤料过滤加载性能的影响规律。实验研究表明,空气湿度变化甚至是浸水处理几乎不影响滤料的初始过滤效率,但去静电滤料的初始过滤效率显著降低。在真实环境中使用210天的滤料♯3的电荷仍未完全消失,其过滤效率明显低于实验室中加载的滤料。对于含吸湿性氯化钠(NaCl)颗粒粉尘,当相对湿度低于潮解点时,滤料过滤效率随加载质量的增加先略有降低之后持续增加;当高于潮解点时,滤料过滤效率随加载质量的增加而降低。加载非吸湿性碳化硅(SiC)颗粒的滤料时,其过滤效率随加载质量的增加先降低再增加。当加载吸湿性颗粒和混合颗粒时,空气湿度60%时滤料的品质因子大于相对湿度30%和80%时的品质因子;当加载非吸湿性颗粒时,滤料的品质因子随空气湿度的增加略有增加。

　　第二,构建了褶结构滤料过滤与反吹清灰测试实验平台,揭示了褶结构滤料初始压降随褶系数、过滤风速、滤料类型和加载质量的变化规律,探究了褶结构滤料粉尘层参数特性,阐明了褶结构滤料有效过滤面积减少机理,建立了褶系数与滤料有效过滤面积的关联模型,研究了滤料褶结构对黏附力和清灰效率的影响规律。结果表明,在加载阶段,滤料的褶结构通过改变滤料的有效过滤面积来影响过滤阻力;在相同过滤风速条件下,滤料有效过滤面积随褶系数的增加而降低,二者关系可由半经验公式计算得出。此外,滤料的清灰黏附力和相同时间内的清灰次数随褶系数的增加而增加,但清灰效率随褶系数的增加而降低。

第三,构建了喷吹管脉冲清灰实验系统,研究了喷吹管上各喷嘴出口瞬态压力及滤筒内壁静压特性,建立了最优喷吹距离计算公式,得到了最优孔管比范围,确立了对喷吹管进行优化的数学模型,揭示了滤筒内部空间与脉冲喷吹清灰效果的关系,分析了喷吹管优化前后加载实验结果,对比分析了优化前后喷吹管综合性能。结果表明,喷吹管优化后,沿喷吹管气体喷出方向,喷嘴直径呈现由大到小逐渐减小的趋势,喷吹均匀性提高了约 4~8 倍,大幅提升了除尘器的性能。

第四,提出并设计了用于大口径褶式滤筒脉冲喷吹清灰的内置旋转脉喷器,分析了旋转脉喷器的工作原理,探究了脉冲宽度和气包压力对旋转脉喷器转数的影响规律,揭示了转数与清灰效率、残留压降之间的关系,对比分析了普通喷嘴和内置旋转脉喷器的排放浓度和压降特性。实验结果表明,在相同过滤速度条件下,内置旋转脉喷器滤筒的压降并未有明显增加。与普通喷嘴相比,内置旋转脉喷器延长了脉冲喷吹清灰的时间间隔,降低了平均粉尘排放浓度和平均压降。内置旋转脉喷器作为一种新型的脉冲喷吹清灰方法,可以提高褶式滤筒除尘器的性能。

研究成果在中铁四局京沈高铁朝阳隧道钻爆法施工和中铁二局青岛地铁 8 号线海底隧道 TBM 施工中进行了工业化应用。京沈高铁朝阳隧道应用结果表明,除尘器本体全尘、呼尘除尘效率分别高达 98.13%、97.86%;在掌子面放炮、衬砌台车喷浆和掌子面出碴三种不同施工环境下,全尘、呼尘除尘效率都在 80% 以上,对呼吸性粉尘的净化效果尤为显著。青岛地铁 8 号线海底隧道 TBM 开挖面应用结果表明,隧道内典型测点的全尘、呼尘除尘效率都大于 92%,与原除尘系统(全尘、呼尘除尘效率<55%)相比,效果十分显著。

C目 录
ONTENTS

1 绪　　论

1.1 研究背景与意义

中国的大城市和特大城市众多,经济发展迅速,交通需求旺盛,所以中国必然要修建大量的铁路、公路和城市轨道交通设施[1]。以前修建这些设施主要以路基、桥梁工程为主。近些年,大城市地面交通拥堵状况的加剧、路径便捷的需求、环保要求的提高以及西部大开发等,以隧道技术为依托的隧道工程受到国家的高度重视,被广泛地运用于交通运输、矿产开发、市政设施、水利水电、国防建设等领域[2],图 1-1 为隧道技术在国民生活生产中的部分应用。

(a) 高铁隧道　　　　　　　(b) 地铁　　　　　　　(c) 煤矿巷道

图 1-1　隧道技术在国民生活生产中的部分应用

据交通运输部统计数据[3],2018 年,全年完成交通运输固定资产投资约 3.2 万亿元,其中铁路 8 000 多亿元,公路水路约 2.3 万亿元,民航 800 多亿元。截至 2018 年底,我国共投入运营的铁路隧道 15 117 座,总长 16 331 km,其中高铁隧道 3 028 座,总长 4 896 km,特长隧道 64 座,总长 820 km。2018 年内新增、在建、规划铁路隧道工程情况如表 1-1 所示。等级运营公路上的隧道有 17 738 座,总长约 17 236 km,2018 年新增公路隧道工程情况如图 1-2 所示。此外,共计 35 个城市 185 条地铁已经投入使用,线路总长可达 5 761 km[4-6]。以隧道建设规模和速度来衡量,中国已稳居世界第一位[1-2]。

表 1-1 2018 年内新增、在建、规划铁路隧道工程情况

类别	铁路隧道		高铁隧道		特长铁路隧道	
	数量/座	长度/km	数量/座	长度/km	数量/座	长度/km
新增	550	1 005	193	359	12	144
在建	3 477	7 465	1 300	2 508	145	1 989
规划	6 327	15 634	3 126	6 924	305	4 504

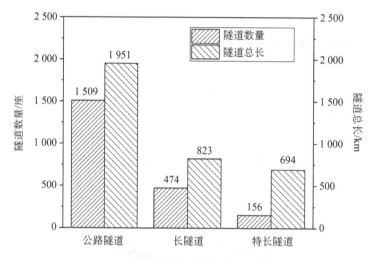

图 1-2 2018 年新增公路隧道工程情况

此外,我国在隧道工程探测技术、隧道建设的建筑信息模型(BIM)技术、隧道机械化和智能化建设技术、盾构机和全断面隧道掘进机(TBM)制造及再制造技术、异形盾构隧道掘进技术等方面取得了长足发展[5]。特别是在隧道施工建造方面,基于设备引进、消化、自制到创新,我国隧道掘进机(盾构机和 TBM)制造技术进步显著。中国工程机械工业协会掘进机械分会统计数据显示,2018 年我国隧道掘进机产量为 658 台,其中全断面隧道掘进机(包括盾构机和 TBM,含再制造)606 台,顶管机(含再制造)为 17 台,其他掘进机械为 35 台[7]。除一些特殊隧道工程项目需要进口隧道掘进机外,国产隧道掘进机已基本能够满足国内隧道工程建设的需求,甚至有小部分已进入国际市场。同时,采用钻爆法和其他掘进开挖方法进行隧道施工的机械化水平也在一定程度上有了很大提高[2]。

但是,随着隧道技术的发展,在隧道施工、矿山开采等过程中产生了严重的粉尘危害。例如,在钻爆法施工中,钻孔、爆破、出渣和喷射混凝土等环节都会产生大量的岩石粉尘[8-9];在隧道掘进机掘进时,刀具切削岩石、渣土从出碴口落入皮带机、出碴口落入运输车等环节也都会产生大量粉尘[10],其主要产尘源如图 1-3 所示。加之隧道内粉尘运移规律复杂多变,控制效果不尽理想,工人作业场所的粉尘浓度高达 2 000 mg/m³[11]。这

些粉尘对隧道内环境造成一定程度的污染,降低了隧道内可见度,增加了工伤事故发生的可能性;隧道内有限空间内的空气被污染,对隧道内施工人员的身体健康造成危害,特别是悬浮的游离粉尘很容易被吸入肺部,诱发尘肺病或硅肺病;增加了机械设备和精密仪器的磨损,缩短了使用寿命,不利于各种机械设备的正常使用,影响施工进度;隧道内产生的粉尘排放到隧道外,污染了大气环境;粉尘加大了电磁波的衰减,影响隧道施工中无线通信设备的使用[12-15]。此外,隧道作业人员多数在高产尘区域工作,一条隧道贯通之后又会到下一条隧道继续工作,周而复始长时间接触高浓度粉尘,进而增加了患病概率。因此,粉尘危害已成为隧道施工中的一个难题,有效治理隧道施工产尘是不可忽视的问题[11, 16]。

(a) 钻爆法施工作业

(b) 开挖作业

(c) 运输作业

(d) TBM 掘进作业

图 1-3 隧道施工主要产尘源

据国家卫生健康委员会(以下简称卫健委)统计[17-20]显示(图 1-4),2000—2010 年我国每年职业性尘肺病患者人数维持在 10 000 例左右,最低时仅有 3 166 例;2010—2020 年,职业性尘肺病病例较前 10 年明显增加,在 2016 年时,我国职业性尘肺病病例达到最高值 27 992 例。究其原因,一方面是因为我国经济在近 10 年有了飞速发展,机械化程度提高的同时也造成了产尘量增加,导致职业性尘肺病病例增加;另一方面,相较前 10 年,我国统计数据更全面、更准确,数据可靠性更强。但不可否认的是,由于患者未主动上报、职业健康检查覆盖率低、用工制度不完善等,因此我国职业性尘肺病病例仍存在"低估"现象。

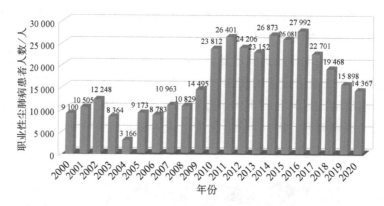

图 1-4　2000—2020 年我国历年职业性尘肺病患者人数

卫健委公布 2020 年数据[17]显示,截至 2020 年底,我国累计上报职业病 101.14 万例,其中职业性尘肺病约占上报职业病患者总数的 90%,主要分布在工矿企业(煤矿开采和隧道开挖等),并呈年轻化趋势,不仅给我国带来巨大的经济损失,而且也给尘肺病患者及其家庭带来极大痛苦。2020 年全国共报告各类职业病新病例 17 064 例,职业性尘肺病及其他呼吸系统疾病 14 408 例(其中职业性尘肺病 14 367 例),职业性耳鼻喉口腔疾病 1 310 例,职业性传染病 488 例,职业性化学中毒 486 例,物理因素所致职业病217 例,职业性皮肤病 63 例,职业性肿瘤 48 例,职业性眼病 24 例,职业性放射性疾病10 例,其他职业病 10 例,因尘肺病死亡 6 668 例[17],各类职业病占比如图 1-5 所示,职业性尘肺病仍然是职业病的主体,按照当前的医学水平,尘肺病依然是只能预防和缓解但不能治愈[21]。因此,降低尘肺病发病率的关键是做好除尘工作,降低作业人员周围环境中的粉尘浓度,特别是微细粉尘的浓度,减少粉尘对作业人员身体的影响。

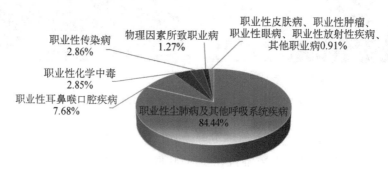

图 1-5　2020 年度我国上报各类职业病占比

如今,职业性尘肺病已经引起了人们的高度重视,为降低尘肺病发病率,促进作业人员身心健康发展,我国出台了相关法律法规。2014 年 4 月 30 日,国务院办公厅颁布了《大气污染防治行动计划实施情况考核办法（试行）》，明确规定：以各地区 $PM_{2.5}$ 或 PM_{10} 年均浓度下降比例为本计划考核指标，涉及工业烟粉尘治理、施工扬尘污染控制和道路扬尘等 30 个子指标[22]。2016 年 11 月 24 日国务院印发了《"十三五"生态环境保护规划》，指出到 2020 年，生态环境质量（空气质量、水环境质量等）总体改善，并出台了一系列环境保护相关的规划要求[23]。2017 年 1 月 4 日，为加强职业病防治工作，切实保障劳动者身体健康权益，国务院办公厅印发了《国家职业病防治规划（2016—2020 年）》，把强化源头治理、落实用人单位主体责任、加大职业卫生监管执法力度等作为职业病防治的主要任务[24]。2018 年 10 月 26 日，最新修订的《中华人民共和国大气污染防治法》颁布，进一步加强了大气污染防治的标准和监督管理，凸显了我国对粉尘颗粒等大气污染治理的重视[25]。在行业规范方面，有关部门对铁路、公路隧道的施工作业环境做出了规定：当隧道内每立方米空气中游离 SiO_2 含量高于 10% 时，粉尘质量不得大于 2 mg；当隧道内每立方米空气中游离 SiO_2 含量低于 10% 时，粉尘不得大于 4 mg[26-27]。在煤矿领域，原国家安全生产监督管理总局颁布的《煤矿安全规程》（2016 版）第六百四十条规定，作业场所空气中粉尘（总粉尘和呼吸性粉尘）浓度应符合表 1-2 要求[28]。上述政策条例的颁布，表明我国对粉尘危害的重视以及治理粉尘污染的决心。

表 1-2 煤矿作业场所空气中粉尘浓度要求

粉尘种类	游离 SiO_2 含量/%	时间加权平均容许浓度/(mg·m⁻³)	
		总粉尘	呼吸性粉尘
煤尘	<10	4	2.5
硅尘	10～50	1	0.7
	50～80	0.7	0.3
	≥80	0.5	0.2
水泥尘	<10	4	1.5

注：时间加权平均容许浓度是以时间加权数规定的 8 h 工作日、40 h 工作周的平均容许接触浓度。

隧道施工过程中会产生大量粉尘，在隧道内多采用通风排尘和喷雾洒水除尘的方法进行粉尘治理。然而，通风除尘难以有效地控制粉尘污染问题，特别是在长大隧道的施工过程中，长距离的通风导致粉尘完全扩散，含尘气体难以排出隧道。喷雾洒水除尘多数是在通风排尘的基础上使用，在一定程度上能够提高除尘效果，但喷雾洒水不仅会恶化巷道环境，而且对呼吸性粉尘的捕集力度较弱，难以有效解决隧道内粉尘污染问题。因此，在隧道施工中急需一种更加有效的除尘方法。

干法过滤除尘技术具有除尘效率高、零耗水、二次污染小等优点，对呼吸性粉尘的捕集效率有大幅度提高。近几年，该技术开始在煤矿巷道掘进及隧道施工中应用，有效解决了粉尘污染问题，但仍存在过滤阻力大、清灰不彻底的缺陷。为了解决这一难题，作者所在团队开展了隧道施工粉尘干式过滤净化理论与技术研究。本书从滤料过滤和脉冲喷吹清灰机理分析入手,重点研究了滤料过滤加载特性的空气湿度和褶结构影响机理、喷吹管分排脉冲喷吹清灰均匀性优化、内置旋转脉喷器降阻提效特性以及干法过滤除尘技术在隧道施工中的应用方法,该研究为隧道施工中干法过滤除尘技术的发展提供了科学依据。研究成果对完善干法过滤除尘的理论基础、提升干法过滤除尘系统的设计水平、更加有效地发挥干法过滤除尘技术在隧道施工粉尘治理领域的优势有重要意义。

1.2 隧道施工方法及产尘源

隧道施工与露天施工不同,隧道施工往往伴随着现场环境差、光线不足、工作面狭小、施工难度大的缺点。由于工况复杂,在不同的作业场所隧道施工技术也不尽相同,隧道施工方法的分类如图1-6所示,其中钻爆法和TBM法多用于山岭隧道等硬岩隧道施工,明挖法、盖挖法和盾构法多用于浅埋及软土隧道施工,水底隧道多采用盾构法和沉管法施工[21]。本节主要对暗挖隧道施工技术及其粉尘来源进行分析。

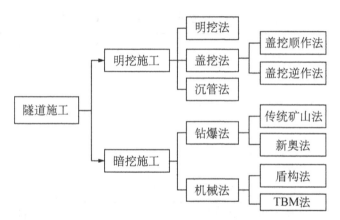

图1-6 隧道施工方法分类

1.2.1 钻爆法施工

1)施工方法

钻爆法最早应用在采矿行业,故又称为矿山法,目前仍是山岭隧道施工中采用的最主要的方法。在矿山法施工中,隧道开挖后的支护方式分为两类:钢木构件支承和锚杆喷射混凝土支护。通常将钻爆法开挖隧道并使用钢木构件支承的施工方法称为传统矿山法;钻爆法开挖隧道并使用锚杆喷射混凝土支护的施工方法称为新奥法,也叫现代矿山法[2]。

　　传统矿山法是在长期的施工实践中发展起来的,它是采用凿眼爆破,以木或钢构件作为临时支承,待隧道开挖成型后逐步将临时支承换下来,而用整体式衬砌作为永久性支护结构的施工方法。钢构件对坑道的形状适应性很强,但存在撤换时不安全、不撤换时施工成本高以及与围岩非面接触支承等缺点,因此,传统矿山法已很少被使用。新奥法是以控制爆破的方式开挖隧道,以喷射混凝土和打锚杆作为主要支护方式,在施工过程中通过监测控制周围岩体的变形动态修正参数、变动施工方法,充分发挥了隧道围岩的自承能力。新奥法可以概括为控制爆破、锚喷支护、监控测量三个方面,其核心是保护岩体,充分发挥围岩的自承能力[21]。

　　2) 产尘源

　　对于钻爆法施工,隧道工作面的粉尘来源可分为三类:一是开采前就已经存在于岩体的裂隙和层理中的原始粉尘;二是因炸药的爆破作用而产生的爆破产尘;三是由出渣运输、喷射混凝土、钻孔等造成的工艺产尘。此处仅考虑施工作业引起的爆破产尘和工艺产尘。

　　(1) 爆破产尘

　　在隧道钻孔爆破破碎岩体时,在炸药爆破作用下,爆破区域除了产生有毒有害气体外,还会产生大量岩石粉尘。岩石粉尘粒径较小、分散度高,可以在隧道内长时间悬浮[29]。在隧道掘进面爆破现场,爆破产生的岩石粉尘迅速进入空气中,在压入风流的作用下,含尘气体在很短时间内即可向隧道后方扩散,随之污染整个隧道。爆炸产生的冲击波也会将沉降在掌子面周围岩体表面上的粉尘再次扬起,增加隧道内悬浮粉尘浓度。

　　(2) 出渣运输产尘

　　隧道爆破后会产生大量弃渣,这些弃渣多数采用运输卡车或者轨道运输车运出隧道。炸药爆破后的弃渣内含有大量的岩石粉尘,在堆放、装车和运输过程中都会导致岩石颗粒飘散到空气中。在堆放和装车过程中,粉尘在堆放和装车的固定地点产生,产生后随风流向隧道后方扩散;在运输过程中,随着运输车的行进,车轮与地面之间由于摩擦、气流扰动等造成扬尘,产尘源随运输车的移动而移动。此外,由于隧道内路况较差,运输车车斗内弃渣掉落也会产生粉尘[21]。

　　(3) 喷射混凝土产尘

　　喷射混凝土主要有干喷混凝土和湿喷混凝土两种方法[21]。干喷混凝土时,水泥、石子和沙子在混凝土搅拌机内混合后从干喷机进入输送管道,在喷枪口处加水混合成混凝土,在压缩空气的作用下由喷枪口喷出。喷枪口空间变大速度突降,导致气体携带物料的能力下降,部分物料沉落产尘;未被湿润的微细粉尘被压缩空气携带喷出;混凝土喷射到壁面上,由于反弹作用也会产生粉尘。此外,喷射混凝土时,加入的水量多少也会影响产尘量的多少,加水过少产尘量会增加。湿喷混凝土时,物料在前期已经和水混合均匀,几乎不含有粉尘,因此粉尘主要是在物料经喷枪口喷出后与壁面相撞的回弹过程中产生。

（4）钻孔产尘

在爆破前需要对岩土钻孔埋放炸药，为防止钻孔坍塌、堵塞、抱钻和卡钻等现象的发生，施工现场会选择干式钻孔。在钻进过程中，岩石粉尘在风力排渣系统的作用下排出钻孔，能够在短时间内污染四周环境[30]。

1.2.2 机械法施工

1）施工方法

机械法施工主要是指掘进机施工，包括盾构法和 TBM 法。

盾构法是采用盾构机进行隧道施工的一种方法，它是利用液压缸将盾构机械在土体中推进，通过盾构机外壳和管片支承周围地层防止坍塌。同时，在开挖面前方进行土体开挖并利用输送机等出土机械将其运出隧道[2, 21]。盾构法施工主要适用于软土、软岩类隧道掘进，具有开挖和衬砌安全性高、开挖速度快、作业劳动强度低、对地面交通和设施影响性小等优点，但存在对于隧道断面尺寸多变的区段适应性差、新购买盾构机价格昂贵以及对于短距离隧道工程不经济的缺点。

TBM 法是采用全断面硬岩隧道掘进机进行隧道施工的方法，在液压缸推力作用下，安装在刀盘上的滚刀紧压壁面，在刀盘强大的推力、旋转力作用下，滚刀下的岩石破碎，滚刀贯入岩体内部，随着滚刀贯入深度的增加，岩体表面裂纹增大，当超过岩石的破碎强度时，滚刀之间的岩体剥落。掉落下来的石碴被分布在刀盘上的铲斗和刮板收集到主机皮带机上，通过主机皮带机转运到后续皮带机，随之被运出隧道[21]。TBM 法能在远程自动控制下实现连续掘进，可以同时完成开挖、出碴、衬砌等作业，开挖速度快、效率高。TBM 法避免了爆破施工环节，对周围岩体破坏小，壁面更光滑，隧道尺寸误差小。此外，TBM 法施工时作业人员在护盾和衬砌管片的保护下工作，人员不与岩体接触，安全性高，减少了人员伤亡。该方法主要适用于中硬岩隧道的掘进施工。

2）产尘源

采用机械法（主要指盾构法和 TBM 法，此处统称为掘进机法）施工时，因为掘进机前部相对封闭，开挖产生的粉尘大部分被限制在前部，与钻爆法相比产尘量有了很大降低。掘进机法多采用管片衬砌施工，运输及安装过程不会产生粉尘。掘进机法产尘主要集中在开挖弃渣从溜槽口转载到皮带机的过程中，产生的粉尘会随风流向隧道后方扩散。

1.3 国内外研究现状及分析

国内外在隧道施工粉尘防治方面做了大量研究，在除尘技术和除尘设备方面都有了很大的发展，在一定程度上降低了隧道内的粉尘浓度，但仍未能有效解决隧道内粉尘污染问题。本节将从通风除尘、喷雾降尘、湿式除尘器、静电除尘器等传统除尘方法，以及近几年在隧道和巷道除尘中新兴的干法过滤除尘技术两个方面进行分析。

1.3.1 传统除尘方法

1）通风除尘

通风除尘一直以来都是隧道除尘的最基本的措施，其主要作用是向隧道内压入新鲜风流：一是为隧道内作业人员提供足够氧气；二是稀释隧道内的有毒有害气体；三是将隧道内悬浮的粉尘吹散稀释并携带出隧道。对于隧道通风除尘，美国、德国、日本等发达国家做了大量研究。美国工程师 Gifford[31] 曾提出在隧道施工时选用大功率风机，增加压入隧道内的新鲜空气量，从而加快隧道内含尘气体的排出速度。德国学者 Gail[32] 发现通过减少隧道内的湍流通风能够更有效地降低粉尘浓度。日本学者 Kanaoka[33] 通过改变隧道内风量、通风方式（压入式和压抽混合式通风）、风筒布置位置等方法研究了横截面积为 $70 \mathrm{m}^2$ 且长度为 $100 \mathrm{m}$ 的隧道内粉尘分布情况，结果表明，对于压入式通风，改变风量对隧道内粉尘浓度的影响很小，但对于压抽混合式通风，隧道内的粉尘浓度随风量的增加而降低。苏联、德国、英国等国家[34-36]都曾对空气幕隔绝粉尘的方法进行了研究，具体操作是利用向前推进的空气幕将掘进面的粉尘限制在掘进头，再通过抽出式风筒将含尘气体抽出，在一定程度上实现了对粉尘的控制，但多数应用在煤矿掘进中，在大断面岩石隧道中较少应用。

国内学者对通风除尘的研究相对更多，蒋仲安、杜翠凤、王辉等[37-40]对掘进巷道长压短抽通风除尘方式进行了研究，发现长压短抽通风除尘的效果要优于压入式通风除尘，能够加快粉尘排出，通过数值模拟和现场试验相结合的方法发现在高为 5 m、宽为 5 m 的巷道内，负压风筒高度为 2 m 时抽尘效果更好，并且与产尘源的位置没有关系；在负压风筒前加装吸尘罩也提高了除尘效率，吸尘罩罩口尺寸为 0.6 m×0.8 m（宽×高）时效果最好；此外，还通过实验研究确定了最优压抽比为 1.1～1.3。

郜运怀、杨胜等[41-42]在长大隧道工程实践中采用串联接力风机解决长距离通风风力过小的问题，并指出在供风距离过长、风力不足的情况下可以采用风筒变径的方法提高通风效率；在粉尘集聚的风流停滞区利用射流风机加快隧道内污浊空气的排出速度；此外，还提出在条件允许的时候可使用压缩空气补充供风。

贾德祥、刘雅俊、葛少成等[43-47]基于短路流场理论在国内首先研制了风幕集尘风机，该装置在吸风口处产生强负压主风流区，将前端粉尘吸入装置内部。此外，该装置还在强负压主风流区外围产生正压锥形挡风幕。该风幕将掘进面产生的粉尘控制在前端强负压主风流区内，避免了粉尘向巷道后方扩散。在常规巷道条件下，该装置的有效吸程是普通风机的 10～12 倍。此后，贾宝山、祝天姿、李谢玲等[48-50]在此基础上对风幕集尘风机提效进行了研究。

陈彩云、李雨成、杨靖等[51-55]对风幕阻尘技术进行了深入研究，基于等缝射流原理，利用压缩空气作为动力源,通过射流装置喷射出一道空气隔绝气幕。该气幕向产尘源倾斜,能够有效地将前方粉尘隔绝,并通过抽出式风筒将含尘气体抽出净化处理。程卫民、聂文[56-59]等对气幕除尘系统参数进行了优化,并提出了多径向旋流风控尘方法,成功研制了多径向旋流风发生装置,确定了巷道内压入风量与抽出风量之比为 0.75 时控除尘效果最优。

通风除尘降尘力度弱,二次扬尘现象严重,含尘气流向隧道后方流动会污染整个隧道,因此,通风除尘通常要辅以其他除尘方式。

2)喷雾降尘

喷雾降尘是利用喷射出的微细液滴与粉尘颗粒结合来加速粉尘沉降的一种方法。国内外学者对喷雾降尘技术进行了大量研究,20 世纪 30 年代至 20 世纪 40 年代喷雾降尘主要为直射雾化。到 20 世纪 50 年代时,旋转、圆锥以及撞击等多种形式的喷雾方式涌现出来。20 世纪 80 年代以后磁化水雾化、荷电雾化和声波雾化等方式得到发展[60-62]。美国、英国、德国、苏联和澳大利亚等国家[62-64]都对高压喷雾的应用进行了研究,发现高压喷雾具有雾化液滴粒径小、喷射距离远和作用面积大等优点,能够有效降低掘进面粉尘浓度。大量学者[65-72]通过改变喷嘴结构、添加抑尘剂等方法对喷雾降尘进行了深入研究,发现喷嘴结构能够影响雾滴喷射效果和雾滴喷射形状,抑尘剂则能提高粉尘颗粒与水结合的能力。喷雾降尘在处理呼吸性粉尘方面存在不足,恶劣环境下容易造成喷头堵塞,此外,在围岩松软区域、涌水突水严重区域以及严重缺水区域等场所不易使用喷雾降尘。

3)湿式除尘器

湿式除尘器在 20 世纪 60 年代问世,20 世纪 70 年代后有了较快的发展,美国、英国、波兰和苏联等国家[73-74]相继研发了不同结构的湿式除尘器,但其原理都相同。湿式除尘器在风机的作用下,将含尘气体吸入(抽出式)或者压入(压入式)除尘箱体内部,除尘箱体内部安装有多孔纤维层和金属网等过滤板,箱体内部还装有喷嘴,喷嘴喷出的微细雾滴不仅能湿润过滤板,还会与气流中的粉尘颗粒碰撞,进而降低粉尘浓度。我国也研发了湿式旋流除尘器、湿式纤维栅除尘器、湿式纤维层过滤除尘器、冲激式除尘器、水浴式除尘器、填料除尘器和文氏管除尘器等多种形式的矿用湿式除尘器,在一定程度上取得了较好的除尘效果[73, 75]。康士伟等[76]研发了一种带有旋风分离器的湿式除尘器,这种湿式除尘器不仅具有高除尘效率,还能降低出口液滴夹带量。赵永强等[77]设计了隧道施工用车载湿式除尘器并对其稳定性进行了分析,实现了湿式除尘器在隧道内的灵活移动。总的来说,湿式除尘器能够除掉大部分的粉尘颗粒,但对于呼吸性粉尘,其捕集力度较弱,仍会对作业人员的健康造成影响。

4)湿式凿岩防尘

湿式凿岩是在干式凿岩基础上发展而来的,湿式凿岩防尘[11]是指在凿岩机钻孔时将压力水送入并充满钻孔底部,用来抑制粉尘的产生,并湿润、冲洗出已经产生的粉尘。

20 世纪 70 年代初期,苏联专家[78-79]设计了在钻杆和冲击器之间安装气水分离器的新装置,该装置能将来自钻杆的气水混合物中的大部分的水分离出来,不通过冲击器而直接进入钻杆和钻孔之间的环形区域实现降尘的目的。该装置不仅起到了降尘的作用,而且其钻孔速度较普通湿式凿岩也有所提高。我国也在 1970 年前后进行了湿式凿岩的探索[80],先后经历了干式凿岩并在钻孔口加水降尘、干式凿岩并用湿式旋风除尘器降尘等方法,最后确定了压差注水凿岩的方法。该方法是利用风管喷出的高速气流使喷水孔周围气压与水箱内气压形成压差,从而使水喷出并与压缩气体混合起到降尘的作用。岳忠翔[81]在隧道钻爆法施工中应用了湿式凿岩技术,使产生的粉尘与水混合流出钻孔,有效降低了钻孔区域的粉尘浓度。湿式凿岩技术虽然在一定程度上降低了粉尘浓度,但仍有部分粉尘逃逸随风流扩散。此外,钻孔流出的含尘污水极易恶化隧道内环境,会对钻孔工正常工作造成影响。

5) 水封爆破降尘

水封爆破是利用水泡泥堵塞炮眼,放炮后形成的高温高压会在瞬间将水泡泥破坏形成微细雾滴,在爆破产生的粉尘颗粒尚未与空气接触时先与液滴接触起到降尘的作用。水封爆破不仅能降低粉尘浓度和分散度,还能减少爆破浓烟量。德国、法国、荷兰、英国、比利时等国家首先研发了水封爆破技术,与传统炮泥爆破相比,其炸药使用效率和除尘效率都有了提升[21, 82]。我国郑志强、吴志刚、黄槐轩、刘俊杰、刘博等[83-87]在隧道爆破过程中采用了水封爆破技术,发现水封爆破能够缩短粉尘沉降时间,降低有毒有害气体浓度进而提高施工效率。金龙哲、李向东等[88-89]通过实验分析发现普通水泡泥润尘能力差、表面张力大,通过在普通水泡泥中添加表面活性剂研制出新型高效水泡泥。

6) 湿喷混凝土降尘

湿喷混凝土是先将水泥、沙子、石子与水混合形成均匀的混凝土,其中微细颗粒与水混合成团,之后将混凝土送入湿式喷射机内,在喷嘴处与速凝剂混合后喷射出去。20 世纪初,美国首次将湿喷混凝土技术应用于矿山和土建工程,随后德国将其应用于煤矿井下巷道掘进支护。1948 年开始,湿喷混凝土技术随着新奥法隧道施工方法的发展迅速崛起,在之后的几十年时间里湿喷混凝土技术被几十个国家广泛应用于隧道、采矿和土建等行业[90-91]。在我国,湿喷混凝土技术已经发展得相对完善,通过对采用湿喷混凝土施工的隧道进行调研发现,湿喷混凝土不仅降低了喷射混凝土的回弹率、提高了隧道内衬砌施工的质量,而且降低了作业区域悬浮粉尘的浓度,改善了作业区域的环境[90-92]。

7) 泡沫抑尘

泡沫抑尘是同时采用压缩空气、高压水和发泡试剂,利用专用的发泡装置产生高倍数泡沫,并通过喷嘴喷射到产尘源,将泡沫覆盖产尘源,实现降尘的目的。20 世纪 40 年代末,英国[93-94]率先在硬岩打钻过程中使用了泡沫抑尘的方法,取得了较好的除尘效果,随后美国、德国、苏联、日本、匈牙利、加拿大等国家[95-97]相继开展了泡沫抑尘的研究,成功研发了无毒廉价发泡剂,推动了泡沫抑尘技术的发展。我国于 20 世纪 80 年代末开始对泡沫除尘技术进行研究,陈东生、周长根、蒋仲安、王德明等[98-104]分别对泡沫抑尘方法和设备结构进行了优化,提高了发泡倍数和稳定性。泡沫抑尘只有在覆盖产尘源的条件下才能起到抑尘的作用,因此泡沫抑尘只适用于小断面隧道,在风速大、断面大的隧道其抑尘效果不佳。

8)静电除尘器

静电除尘器主要应用于发电厂、冶金、粮食加工、水泥等工业,利用高压电场产生的静电吸引力将粉尘颗粒从含尘气体中分离出来。日本首次将静电除尘器应用于隧道施工,在竖井的配合使用下,安装静电除尘器后隧道内环境明显改善,相对于横向通风,风机功耗节省 40%[105]。在我国,静电除尘器在隧道中的应用较少,罗慧、杨洪海、袁强、鲁娜等[106-109]研究了静电除尘器在已运营隧道中的应用,当把静电除尘器安装在隧道内时,能降低隧道内粉尘浓度,提高可见度;当把静电除尘器安装在隧道口时,能够降低隧道出口粉尘浓度,改善周边环境。任高杰等[110]提出在隧道施工过程中可以采用静电除尘器解决隧道内环境问题,存在一定的可行性,但隧道施工时内部环境恶劣,危险系数高,静电除尘器本身带用高电压,加之体积较大移动困难,难以在我国隧道施工过程中进行推广使用。

上述传统除尘方法都有着自身的优缺点。总的来说,通风除尘极易污染隧道后方环境,需要其他除尘方式补充使用;喷雾降尘、湿式除尘器和湿式凿岩防尘耗水量较大,对呼吸性粉尘的捕集力度较弱;水封爆破降尘和湿喷混凝土降尘虽能降低特定施工场所的粉尘浓度,但并不能满足隧道施工环境标准;泡沫抑尘不仅需要持续性投资,而且其适用场所有限,限制了其发展;静电除尘器在隧道施工的恶劣环境中应用较危险,移动也较困难。基于上述分析,传统除尘方式不能有效解决隧道施工粉尘污染问题,特别是对呼吸性粉尘的净化力度不足。

1.3.2　干法过滤除尘技术

1)隧道用干法过滤除尘器国内外发展

隧道施工过程中大多采用湿式除尘方式(包括湿式凿岩、湿喷混凝土、泡沫抑尘、水封爆破等涉水除尘方式),通常具有使用方便和费用少的优点,因此普及率较高。但多数湿式除尘对呼吸性粉尘的捕集效率低,难以满足粉尘排放标准,此外,湿式除尘排污会造成二次污染,恶化环境。通风方式主要通过稀释含尘气体来降低粉尘浓度,不仅对隧道后方环境造成污染,而且需要消耗大量的能量。干法过滤除尘技术具有无须耗水、除尘效率高、性能稳定和安全可靠的优点,发展隧道施工用干法过滤除尘技术是有必要的。

1900 年之前,袋式除尘器雏形就已经产生,并经历了缓慢的发展历程。直到 20 世纪二三十年代成功开发了机械振打清灰和反吹清灰袋式除尘器,美国、德国、苏联等国家才较大规模生产和使用滤袋除尘器。1957 年美国发明了利用压缩空气脉冲喷吹清灰的新型袋式除尘器,滤袋除尘器有了更快的发展[111-113]。20 世纪 70 年代,滤袋除尘器才在德国和美国等煤矿巷道掘进中使用,如德国 CFT 公司生产的滤袋除尘器对呼吸性粉尘的除尘效率高达 99% 以上,其性能远远超越湿式除尘方式[111-113]。

我国于 20 世纪 50 年代从苏联引进机械振打清灰袋式除尘器,20 世纪 60 年代开始使用反吹风袋式除尘器,直到 20 世纪 70 年代我国才成功研制出脉冲喷吹袋式除尘器。但由于脉冲阀和先导阀性能较差导致脉冲喷吹袋式除尘器难以稳定运行而发展停滞,20 世纪 90 年代中后期,随着脉冲喷吹袋式除尘器及其配套技术的引进,脉冲喷吹袋式除尘器在我国才得以重新发展[112-114]。之后我国通过引进、消化和创新,通过除尘器结构优化和预容尘技术,也成功研发了可用于隧道施工的袋式除尘器,实现了高达 99% 的除尘效率,能在短时间内处理施工现场产尘[111]。

张崇栋[115] 将隧道粉尘治理分成两个方面:一是隧道施工过程中的粉尘治理;二是隧道施工结束清理阶段的粉尘治理。相对于隧道施工阶段,隧道清理阶段较早地使用了干法过滤除尘技术,图 1-7 为国外研发的用于隧道清理的车载袋式除尘器,我国也研发了集装箱式铁路隧道除尘车对铁路轨道积尘进行清理。对于隧道施工过程中的粉尘治理,赵德刚[116] 对袋式除尘器的除尘原理及结构组成进行了分析,并将车载袋式除尘器应用于汤岳隧道,爆破后作业人员进入隧道到继续工作的时间由 3 h 降为 15 min,提高了施工效率,降低了施工成本。赵玉报、刘潭平等[26, 117] 分析了袋式除尘器在爆破施工和喷射混凝土施工中集中除尘的使用方法,并在隧道施工中进行了应用,有效降低了隧道内的粉尘浓度且经济效益显著。罗方武[27] 对爆破粉尘扩散进行了分析,发现在爆破发生 5 min 后粉尘扩散现象变严重,因此要在爆破 5 min 内进行除尘。其将车载袋式除尘器应用于长约 10 km,断面约 90 m² 的隧道爆破施工,测试数据显示,使用袋式除尘器后,掌子面周围的粉尘浓度从 75 mg/m³ 降至 2 mg/m³,在短时间内将含尘气体净化。

图 1-7　国外隧道清理专用除尘车

袋式除尘器虽然具有极高的除尘效率,但其处理风量有限、体积较大,在隧道施工过程中应用并不方便。褶式滤筒除尘器诞生于 20 世纪 70 年代,最早出现在欧洲、美国和日本等[112],因褶结构的存在,大大增加了褶式滤筒过滤面积[118-119]。20 世纪 80 年代美国利用新型滤料研发了高效低阻的 Donaldson 滤筒,Amano 等[120-121]研发了一款新型褶式滤筒除尘器,并对褶皱比进行了优化。与袋式除尘器相比,褶式滤筒除尘器具有有效过滤面积大、使用寿命长、过滤效率高、除尘压差小以及除尘器主箱体小等特点,已经在工业除尘领域崭露头角[122]。我国在总结国外褶式滤筒除尘器先进技术的基础上进行了自主研发,近十几年,随着新材料和新技术的发展,褶式滤筒除尘器在化工、食品、烟草、粮储、电力、钢铁、水泥等行业应用更加广泛[123-128]。梅谦等[129]在 2010 年的中国环境科学学会学术年会中指出,无论是从滤料特性、除尘效率、过滤阻力、漏风率、清灰效果,还是从除尘器尺寸方面考虑,滤筒除尘器综合性能都优于袋式除尘器,滤筒除尘器取代袋式除尘器是必然的。在煤矿巷道、隧道施工除尘中,苏庆勇[130]设计了适用于工矿企业的小型移动式滤筒除尘器;郑娟[131]通过数值模拟的方法对井下干式滤筒除尘器进行了改进;姜艳艳等[132]设计了可以应用于煤矿井下狭窄空间的滤筒除尘器并进行了实验室测试,其过滤阻力低于 500 Pa,除尘效率大于 99.92%,但都未见其在工矿巷道、隧道施工过程中进行实际应用的报告。

中国矿业大学周福宝教授团队[133-134]成功研发了矿用滤筒除尘器,创新性地设计了骑跨式和单轨吊吊挂式安装方式,并成功将其应用于煤矿井下掘进工作面,在不妨碍煤矿井下正常掘进的情况下有效解决了掘进工作面的粉尘污染问题。盐城市兰丰环境工程科技有限公司、山西天地煤机装备有限公司和平安开诚智能安全装备有限公司也研发了类似的矿用滤筒除尘器,取得了较好的应用效果[135-139]。虽然滤筒除尘器在煤矿掘进面掘进过程中进行了应用尝试,但除了作者在周福宝教授指导下研发并将滤筒除尘器应用于高铁、地铁隧道施工外[9],仍未发现滤筒除尘器在高铁、地铁和公路隧道施工过程中的应用实例。

2) 干法过滤除尘技术研究现状与不足

与传统湿式除尘方式相比,干法过滤除尘技术(本书中特指采用脉冲滤筒除尘器进行除尘的技术)具有除尘效率高、无须耗水、二次污染小等优点,特别是在呼吸性粉尘防治方面,能够将 99% 以上的呼吸性粉尘过滤掉。因此,干法过滤除尘技术是隧道施工中粉尘防治的发展趋势。目前,干法过滤除尘技术在地上工业应用较多,若直接将地上干法过滤除尘器应用于隧道内则存在很多弊端,须先将干法过滤除尘器的外形尺寸进行改造,使其成为适应隧道狭长环境的长箱体结构,再结合隧道具体施工技术改变干法过滤除尘器的安装操作工艺等。上述改造虽然能使干法过滤除尘器在隧道施工中应用,但其性能显著降低,具体表现在干法过滤除尘器过滤阻力大和清灰效果差两个方面。过滤阻力大不仅会导致除尘器能耗增加、风机长时间处于高负荷运行状态,还会降低除尘器处理风量;清灰效果差主要是清灰不彻底,在隧道应用环境中,滤筒上部会残留大量粉尘。

外部环境对干法过滤除尘器性能有显著影响,如外界环境中空气湿度、温度等因素以及粉尘颗粒的浓度、粒径大小、吸湿性、腐蚀性、黏性等都会影响除尘器的过滤清灰性能[112-113, 140-144]。隧道内作业环境不同于地上,其空气湿度普遍偏高,加之岩石粉尘黏性普遍偏大,不利于干法过滤除尘器的正常运行。除尘器自身结构对其性能影响更为显著,如滤筒所用材质、荷电性、褶结构的大小、滤筒安装形式等,以及脉冲喷吹清灰系统中脉冲阀型号、脉冲宽度、喷吹压力、喷吹管和喷嘴类型等因素[145-151]。

(1) 空气湿度对滤料性能的影响

过滤效率和压降是衡量干法过滤除尘器性能的两个重要指标[152]。通常来说,高除尘效率的干法过滤除尘器伴随着高压降和高能耗[153]。在相同压降条件下,由静电纤维制造的滤料的过滤效率远高于机械滤料,在近些年得到了广泛应用[154-155]。大量学者[155-167]对滤料的性能进行了研究,但是,空气湿度、粉尘颗粒的吸湿性对滤料过滤性能的影响仍不明确。

近年来,空气湿度对滤料过滤性能的影响受到越来越多学者的关注,但多数学者集中在研究空气湿度对机械滤料过滤性能的影响[141, 165, 168-169]。Gupta 等[165]测试了加载多分散亚微米级和微米级氯化钠和氧化铝颗粒(直径 $0.5\sim3.77~\mu m$)时空气湿度对机械纤维滤料过滤加载性能的影响。实验结果显示,当空气湿度低于氯化钠颗粒潮解点(相对湿度约为 75%)时,加载氯化钠颗粒的机械滤料的压降增长速率随空气湿度的增加而降低,并且压降与颗粒加载质量呈线性相关;当空气湿度高于氯化钠颗粒潮解点(相对湿度为 80% 和 90%),加载一定质量的颗粒后,机械滤料压降急剧增加,这是因为纤维间隙形成水膜造成压降剧增。对于非吸湿性氧化铝颗粒,压降随空气湿度(相对湿度为 1%～100%)的增加而降低,这是因为随着相对湿度的增加,粉尘颗粒黏合力增强,产生了直链沉积结构,从而降低了压降。Miguel、Joubert、Pei 等[141, 169-170]的研究结果进一步验证了 Gupta[165]的结论。

在国外,高性能滤料应用越来越广泛,但关于空气湿度对高性能滤料过滤性能影响的研究鲜有报道,Yang 等[171]研究了在相对湿度为 30% 和 70% 时高性能滤料的初始过滤效率,发现高性能滤料初始效率随相对湿度的增加而降低,他推测这可能是水分子降低了纤维上所带电荷量。但是,其他学者发现在不同空气湿度下滤料的初始过滤效率近乎相同[172-174]。因此,空气湿度对滤料初始效率的影响仍有争议。

在颗粒加载测试方面,Montgomery 等[175]在实验室测试了空气湿度的变化对滤料压降和过滤效率的影响,结果表明,当空气湿度由低变高时,加载氯化钠颗粒的滤料压降显著下降,这是因为氯化钠颗粒在高相对湿度条件下会吸收水分,导致在低湿度时建立的枝晶倒塌降低了压降,这是一个不可逆的过程;当空气湿度由高变低时,对加载氯化钠和氧化铝混合颗粒的滤料压降影响较小,对加载氧化铝颗粒的滤料压降几乎没有影响。空气湿度变化对加载三种颗粒的滤料过滤效率的影响很小或近乎没有,但其没有对相对湿度大于 60% 进行实验。

亚微米级颗粒对人体的危害最为严重,空气湿度对滤料加载亚微米级颗粒的影响更为显著。由上述分析可知,现有文献中缺少空气湿度对滤料表面亚微米颗粒沉积理论的分析,以及滤料实验室测试和外界环境测试结果的对比;空气湿度对滤料初始过滤效率的影响研究并不充分;空气湿度、颗粒的吸湿性等因素对滤料加载性能的影响尚不明晰,也缺少空气湿度对滤料加载性能的综合评判。

（2）褶结构对滤料性能的影响

由于除尘效率高、过滤阻力低和占用空间小等优势,褶式滤筒除尘器被广泛使用[9, 176-177]。由于褶结构的存在,在相同过滤面积条件下,褶式滤筒除尘器的体积远小于袋式除尘器,因此,在受限空间更适合使用褶式滤筒除尘器[9, 133-134]。褶结构虽然能节省空间,但是褶结构大小(用褶系数表示,褶系数为褶高与褶间距的比值)会改变滤料的过滤和清灰性能:褶系数过小时滤筒的过滤面积增加较小;褶系数过大时清灰更困难,经常伴随着不完全清灰和片状清灰,导致除尘器阻力居高不下[178-180]。

Park 等[181]通过改变褶夹角、褶高和褶数量设计了多种类型的褶式滤筒,通过实验发现当褶系数为 1.48 时褶式滤筒除尘器获得最高清灰效率和最佳清灰周期,当褶系数大于 1.48 时褶式滤筒除尘器的压降反而增加。Lo 等[182]对安装有不同褶系数滤筒的除尘器进行了一系列实验,褶系数对选择除尘器的清灰模式有一定影响,褶系数大的滤筒除尘器在定时清灰模式下有更好的清灰性能,褶系数小的滤筒除尘器在定阻清灰模式下有更好的清灰性能。Wakeman 等[183]通过实验发现滤料的褶结构能够降低其渗透性,减少有效过滤面积,并推测这可能是由滤料压缩、褶皱变形和褶皱拥挤造成的。Kim 等[184]通过实验发现褶式滤筒的有效过滤面积为其展开理论面积的 50%～60%。Théron 等[185]设计了三种不同褶系数的过滤体(第一种:褶高 40 mm,褶间距 23 mm,褶数 6 个;第二种:褶高 20 mm,褶间距 11.5 mm,褶数 12 个;第三种:褶高 40 mm,褶间距 11.5 mm,褶数 12 个),并研究了不同褶系数滤筒对其压降的影响,结果表明小的褶高、大的褶间距的滤筒压降相对较小,但是实验中并没有保持相同的理论过滤面积。现有研究多集中在不同褶系数滤料的压降上,对已沉降粉尘层参数的影响尚未报道;褶结构造成过滤面减小的机理尚不明确,缺少褶系数大小与有效过滤面积之间关系的指导公式;仍没有褶结构对粉尘层与滤料之间的黏附力及其清灰效率的影响的研究。

（3）脉冲喷吹清灰降阻提效研究

随着褶式滤筒除尘器的运行,滤筒外壁附着的粉尘越来越多,导致除尘器运行阻力增加,从而消耗更多的能量使气体穿过滤筒,因此需要进行清灰处理,使滤筒除尘器保持良好的运行状态[186-187]。脉冲喷吹清灰是实现滤料再生的一种使用广泛的有效方法[188-189],然而,在清灰过程中还是会出现不完全清灰和局部清灰现象,这主要表现在沿滤筒长度方向上内壁静压大小不一致[141, 150, 190-192]。同时,喷吹管上各喷嘴出口瞬态压力不均匀也导致设备运行阻力增大、清灰周期变短,不利于褶式滤筒除尘器的运行[193-194]。

先前大量学者[112, 181, 193-197]指出除尘器结构和运行参数（如喷嘴直径、喷嘴类型、喷吹高度、脉冲宽度和滤料材质等）会影响褶式滤筒除尘器脉冲喷吹清灰效果。Suh等[195]通过实验发现最优喷吹距离能够使粉尘层阻力达到最小，从而使除尘器总阻力最小。张殿印等[112]证明袋式除尘器最优喷吹距离可由经验公式求解，但由于滤袋和滤筒在结构和材质上不同，其公式不能直接用于滤筒除尘器。Qian等[196]通过实验和理论模型相结合的方式推导求得无喷嘴时最优喷吹距离计算公式，由于喷吹气流的复杂性，有无喷嘴对最优喷吹距离有很大影响。钟丽萍、樊百林等[193, 197]通过数值模拟的方法对喷吹管进行优化分析，模拟结果表明优化后喷吹管上各喷嘴之间的喷吹均匀性得到了明显提高。上述研究多数是改善脉冲喷吹时单个滤筒内壁静压分布不均匀现象及用数值模拟的方法研究喷吹管下各个滤筒之间的清灰均匀性，缺少对脉冲喷吹清灰时喷吹管下各滤筒之间喷吹均匀性的实验研究，尚未建立带喷嘴喷吹管的最优喷吹距离求解公式，没有用于指导滤筒除尘器喷吹管工业设计的最优孔管比。

大口径褶式滤筒（本书指国标滤筒，外径 320 mm，内径 240 mm，高 660 mm）无须定制化加工，生产厂家多，购买价格低。但是，对于大口径褶式滤筒，其清灰难度更大，沿滤筒长度方向上清灰不均匀性更严重，若能解决大口径滤筒清灰难的问题，将大口径滤筒应用于隧道施工，能降低粉尘治理成本，有利用滤筒脉冲除尘器在施工过程中的推广使用。为此大量学者进行了相关研究[150, 179, 195-196, 198-201]。Yan等[150]通过对滤筒内壁静压进行测试，发现超声速喷嘴和扩散器能够提高脉冲喷吹清灰均匀性。Choi、Chi等[198-199]设计并研究了不同形状的喷嘴，发现收缩喷嘴的清灰性能优于圆柱喷嘴。Suh、Lu等[195, 200]通过实验发现文丘里管能够提高滤筒清灰效果。Li等[179]发现在滤筒内部安装圆锥体能够提高清灰强度，增加清灰均匀性。通过对安装有喷吹孔、圆柱喷嘴、双缝喷嘴的褶式滤筒除尘器性能进行测试，Shim等[202]发现双缝喷嘴提高了除尘器的除尘效率，减少了出口粉尘排放，降低了脉冲喷吹清灰能耗。但是，对于大口径滤筒，上述方法仍不能保证沿滤筒长度方向上脉冲喷吹清灰的均匀性，一般表现为滤筒上部喷吹静压小、下部喷吹静压大，急需一种清灰更均匀的清灰方式。

1.4 主要内容

1）滤料过滤性能的空气湿度影响机理

分析滤料表面粉尘层沉积颗粒受力及球形颗粒液桥成因，阐明不同空气湿度下滤料表面粉尘颗粒重组原理，搭建亚微米颗粒过滤加载实验系统，探究空气湿度和粉尘颗粒吸湿性对滤料过滤加载性能的影响，主要包括：对比原始滤料、浸水滤料和去静电滤料初始分级效率与压降；空气湿度变化对滤料初始分级效率的影响；滤料真实环境老化特性及实验室内加载特性，空气湿度和颗粒吸湿性对滤料加载过程中的压降、过滤效率变化规律,以及品质因子评判滤料综合性能。

2)滤料过滤加载特性的褶结构影响机理

分析滤料及其表面附着粉尘层过滤基础理论,设计褶结构滤料过滤加载及反吹测试平台,研究褶结构滤料初始压降随褶系数、过滤风速、滤料类型和加载质量的变化规律,探究褶结构滤料粉尘层参数特性,阐明褶结构滤料有效过滤面积减少的原因,建立褶系数与滤料有效过滤面积的关联模型,研究滤料褶结构对黏附力和清灰效率的影响规律。

3)喷吹管优化及其脉冲喷吹清灰性能分析

构建喷吹管脉冲喷吹清灰实验系统,研究喷吹管上各喷嘴出口瞬态压力及滤筒内壁静压特性,建立最优喷吹距离指导公式,求解最优孔管比范围,确立喷吹管脉冲喷吹清灰优化方法,揭示滤筒内部空间与脉冲喷吹清灰效果的关系,分析喷吹管优化前后加载实验结果,评价优化前后喷吹管综合性能。

4)内置旋转脉喷器设计及降阻提效特性研究

主要包括提出内置旋转脉喷器设计方法,分析旋转脉喷器工作原理,测试旋转脉喷器自身阻力,探究脉冲宽度和气包压力对内置旋转脉喷器转数的影响,揭示转数与清灰效率、残留压降之间的关系,对比普通喷嘴和内置旋转脉喷器排放浓度和压降特性。

5)干法过滤除尘器在长大隧道和海底隧道施工中的除尘应用

以中铁四局京沈高铁朝阳隧道和中铁二局青岛地铁8号线海底隧道为切入点,以干法过滤除尘装备为核心技术,研究与设计隧道施工用干法过滤除尘系统及工艺,开展工业性试验,实测干法过滤除尘器使用前后粉尘浓度,量化考察和分析干法过滤除尘技术现场效果,进一步验证干法过滤除尘技术的可靠性及其方法与装备的实用性。

2 过滤净化除尘理论与系统

2.1 滤料过滤机理

2.1.1 气固两相流理论

干法过滤除尘所净化的气体中夹带有固体粉尘颗粒,含尘气体的流动属于气固两相流范畴。粉尘颗粒在流体中运动,作用在它上面的力除了重力和流体浮力之外,还有周围流体对它的阻力。流体阻力包括两方面:一是由于粉尘颗粒具有一定的形状,运动时必须排开其周围的流体,导致其前面的压力比后面的大,产生形状阻力;二是粉尘颗粒与其周围流体之间存在摩擦,产生摩擦阻力。两者一起构成了流体阻力,它的大小取决于颗粒的形状、粒径、表面特性、运动速度及流体的种类和性质,其方向总是和速度方向相反[203-204]。对于球性粉尘颗粒,气体对它的阻力可表示为:

$$F_D = f_r + f_D = \frac{C_D \pi d_p^2}{4} \cdot \frac{\rho v_s^2}{2}$$ (2-1)

式中:F_D——流体阻力,N;

f_r——粉尘颗粒形状阻力,N;

f_D——粉尘颗粒摩擦阻力,N;

C_D——阻力系数,无量纲;

d_p——粉尘颗粒直径,m;

ρ——含尘气体密度,kg/m³;

v_s——粉尘颗粒与流体的相对速度,m/s。

静止状态的粉尘颗粒受外力作用时做加速运动,颗粒运动方向与受力方向一致,以后由于流体阻力的不断增加,加速度逐渐减小到零,颗粒达到其终端速度做匀速运动。颗粒密度较气体的密度大得多,此处未考虑粉尘颗粒所受浮力的影响,颗粒的这一过程可用牛顿第二定律来描述:

$$F - F_D = m \frac{dv_s}{dt} = \frac{\pi d_p^3 \rho_p}{6} \frac{dv_s}{dt}$$ (2-2)

式中:F ——粉尘颗粒所受外力,N;

m——粉尘颗粒质量,kg;

ρ_p——粉尘颗粒真密度,kg/m³。

将式(2-1)代入式(2-2)可得:

$$\frac{dv_s}{dt} = \frac{6}{\pi \rho_p d_p^3} \cdot F - \frac{3\rho v_s^2 C_D}{4\rho_p d_p} \tag{2-3}$$

当式(2-3)中 $\dfrac{dv_s}{dt} = 0$ 时,这时的速度称为终端速度,由式(2-3)可求得:

$$v_s = \left(\frac{8F}{C_D \pi \rho d_p^2}\right)^{1/2} \tag{2-4}$$

2.1.2 过滤机理分析

1)宏观机理

含尘气体进入脉冲滤筒除尘器后,因为气流断面突增和挡风板的作用,含尘气体中一部分大的尘粒在重力和惯性作用下沉降到灰斗内;粒径小、密度小的粉尘颗粒进入过滤室后,通过布朗运动、惯性碰撞、拦截静电力、重力、热泳力等综合效应,使粉尘颗粒沉积在滤料的外壁。在脉冲滤筒除尘器运行初期,新的滤料外表面无粉尘沉积,运转数分钟后在滤料外壁形成很薄的尘膜被称为粉尘初层,在粉尘初层上面再次堆积的粉尘称为二次粉尘层。滤料的过滤作用主要是依靠粉尘层进行的。因此含尘气体通过滤料时,气流中的粉尘颗粒被滤料分离出来有两个步骤:一是滤料本身对粉尘颗粒的捕集;二是粉尘层对粉尘颗粒的捕集。滤料过滤捕尘机理示意图如图2-1所示。

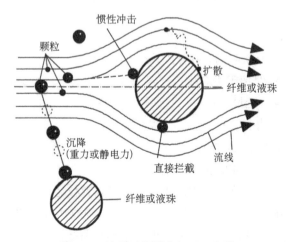

图2-1 滤料过滤捕尘机理示意图

2)微观机理

滤料对含尘气体中粉尘颗粒的捕集主要有扩散、惯性碰撞、直接拦截、筛分、静电吸引、重力沉降等效应[112]。

（1）扩散效应

粉尘颗粒因不规则运动被滤料纤维或粉尘层所捕获的现象被称为扩散效应。

（2）惯性碰撞效应

开始时粉尘颗粒沿流线运动，遇到纤维时流线弯曲绕过纤维流动，但粉尘颗粒由于惯性作用而偏离流线，与纤维相撞而被捕集，这种现象被称为惯性碰撞效应。

（3）直接拦截效应

当粉尘颗粒沿气流流线随风流直接向滤料纤维运动时，若气流流线与滤料纤维表面的距离小于粉尘颗粒半径，则粉尘颗粒将会与滤料纤维发生接触而被捕集，这种捕集被称为直接拦截。

（4）筛分效应

粉尘颗粒的直径大于滤料间的空隙时被滤料阻挡下来，这种现象被称为筛分效应。

（5）静电吸引效应

粉尘颗粒和滤料纤维通常都带有电荷，但自然状态下这种带电量极少，此时的静电力可以忽略，如果人为地给粉尘颗粒或滤料纤维带电以增强净化效果，那么静电力作用将非常显著，粉尘颗粒与滤料纤维因为电荷作用产生吸引而提高净化效率的现象被称为静电效应。

（6）重力沉降效应

粉尘颗粒因受重力作用脱离原始风流流动轨迹发生沉降的现象被称为重力沉降效应。

大量学者对颗粒的扩散、惯性碰撞、直接拦截、筛分、静电吸引、重力沉降等效应同时作用时的捕集机理进行了理论和实验研究，建立了许多繁杂的数学模型，但至今仍没有令人满意的理论结果。现在多数学者认同的是，把各效应同时作用下的综合效率用串联模式来求解与实验结果更相近。这种综合效率求解方法从理论上讲也是不精确的，但是所求结果不会出现太大的误差，因此，成为学者们普遍接受的求解方法。

扩散、惯性碰撞、直接拦截、筛分、静电吸引、重力沉降等效应的捕尘效率受多种因素的影响，如颗粒粒径、过滤速度、粉尘密度和纤维直径等因素。扩散和静电吸引效应对小颗粒的作用效应更强，惯性碰撞、直接拦截和筛分效应对大颗粒粒径的净化效率高；过滤风速越小，扩散、静电吸引和重力沉降效应的捕尘效率越高，惯性碰撞效应的捕尘效率越低；惯性碰撞和重力沉降效应的净化效率随着粉尘密度的减小而减小，而扩散和静电吸引效应的净化效率随着粉尘密度的减小而增大。

2.2 脉冲喷吹清灰机理

脉冲滤筒除尘器的连续工作要求过滤和清灰交替进行，从而实现除尘器的高效低阻运行。在除尘器过滤过程中，不断有粉尘黏附在滤料表面而不掉落，为使黏附在滤料表面的粉尘脱落,需要进行清灰操作。脉冲喷吹清灰主要是利用高压气体在极短的时间内射入滤筒内部,与此同时,诱导数倍于原始喷射气体的空气一起射入滤筒内部,使得滤料产生膨胀、振动,滤筒外表面沉积粉尘受到反作用力而从滤料外壁掉落。在进行脉冲喷吹清灰时,主要是利用脉冲射流气体作用到滤料表面克服粉尘与滤料或粉尘与粉尘之间的黏附力,使粉尘脱离滤料表面进而发生沉降。在处理相同的风量情况下,采用脉冲喷吹清灰时除尘器所需滤筒面积要小于机械振动和反吹风清灰。值得注意的是,脉冲喷吹清灰需要充足的压缩空气,当气包内的压缩空气压力小于喷吹压力要求时,清灰效果大大降低。

2.2.1　脉冲喷吹理论

目前,脉冲滤筒除尘器的清灰机理尚不明晰,其清灰理论的研究远远落后于脉冲滤筒除尘器的应用。现有脉冲喷吹理论主要有综合作用理论、逆气流反吹理论和压力上升速度理论[112]。

1)综合作用理论

在研究脉冲滤筒除尘器清灰机理的过程中,部分学者认为机械振打的清灰机理(滤料抖动使滤饼下落、滤料变形使粉尘层脱离等)也适用于脉冲滤筒除尘器。他们认为,机械清灰机理是靠滤料抖动产生弹力使附于滤筒外表面上的粉尘及粉尘团脱离滤料。脉冲滤筒除尘器的清灰是多种机理的综合作用,脉冲喷吹清灰施加在滤筒内表面的能量越大,清灰效果越好。

2)逆气流反吹理论

部分研究者认为脉冲喷吹时逆向穿过滤筒的气流对脉冲清灰起主要作用。反吹风清灰的机理,一是因为反方向的清灰气体直接冲击粉尘层;二是由于气体流动方向的改变,滤筒产生膨胀收缩变形而使粉尘层脱落,反吹气体的大小能够直接影响脉冲清灰效果。由于粉尘颗粒与颗粒之间以及粉尘颗粒与滤料之间存在黏附力,因此逆气流速度达到一定值才能将粉尘清除。通常,粉尘颗粒越小越难吹落,即需要更高风速才能将粉尘吹落。

3)压力上升速度理论

部分研究者认为脉冲喷吹引起滤料产生最大位移时的最大反向速度起主要作用,即滤料的最大反向加速度越高,清灰效果就越好。压力上升速度理论被滤袋除尘器更好地解释,但是无法说明和解释塑烧板除尘器和陶瓷滤筒除尘器,同样都是采用脉冲喷吹清灰,塑烧板和陶瓷滤筒都不产生反向加速度,但其清灰效果也很好。

根据以上分析可以把脉冲滤筒除尘器的清灰机理做如下描述:在脉冲滤筒除尘器过滤过程中,粉尘颗粒受气流作用运动到滤筒表面附近,不同粒径的颗粒受到分子力、毛细吸附力、静电附着力和过滤速度压力的作用形成黏附力,使粉尘附着在滤筒表面并渐渐形成粉尘层。脉冲喷吹清灰时,压缩空气喷吹到滤筒内部产生清灰力,当清灰力大于黏附力时粉尘层破裂并脱落,在重力作用下粉尘落入灰斗。如果清灰力小于黏附力会造成清灰不彻底,导致除尘器在高阻力下运行。颜翠平[114]采用滤筒内表面静压峰值大小表征清灰强度大小,并通过实验进行了验证,得出静压峰值越大滤筒清灰效果越好的结论。

2.2.2 自由射流理论

1)气体射流介绍

脉冲喷吹是压缩气体从喷嘴射出,并诱导周围气体一起向下流动射入滤筒内部空间的过程,属于气体射流,喷吹孔出口速度通常接近声速,流动呈紊流状态,通常被叫作气体紊流射流。根据流动是否受到壁面限制可以将气体射流分为自由射流和受限射流两种,根据喷吹孔形状可以将气体射流分为圆形、矩形和条缝气体射流三种[205]。

2)自由射流几何特征

本节对无壁面限制空间下圆形喷嘴的紊流气体射流运动进行分析。如图 2-2 所示,脉冲喷吹气体从半径为 r_0 的圆形喷嘴喷出,设喷嘴出口断面上的速度为均匀分布,大小为 u_0,方向为沿 x 轴正方向。脉冲喷吹气体射流属于紊流射流,紊流产生的横向脉动引起射流气体和周围气体发生质量和动量交换,引起周围气体流动,造成喷嘴出口的射流质量流量和射流横断面积沿 x 轴方向增加,出现了向外扩散的圆锥形流动场,如图 2-2 所示的圆锥状 $CAMDF$。刚从喷嘴喷出的气体,其速度是均匀的,沿 x 轴正方向流动,之后在射流过程中不断带入周围空气,造成边界扩张使射流气体的速度逐渐降低,速度为 u_0 的区域(如图 2-2 中 AOD 圆锥体)为射流核心,其余速度小于 u_0 的区域为边界层。射流边界层是指从喷嘴出口处沿喷吹方向不断向外扩散,并且携带周围气体进入边界层,同时向 x 轴延伸,当到达某一距离时射流边界层扩展到轴心线,射流核心区域也就此消失,只有射流轴心上点 O 处的速度为 u_0,点 O 所在的 BOE 断面即为过渡断面。以过渡断面为分界面,AD 断面至 BOE 断面的区域为射流起始段,过渡断面以后的区域为射流主体段。

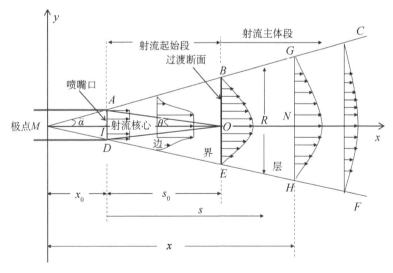

图 2-2 脉冲喷吹射流结构

　　紊流系数是表示射流流动结构的特征系数,与出口断面的紊流强度和出口断面速度分布均匀性有关。紊流强度越大,紊流系数值越大,喷吹扩散角越大,被带动的周围气体增多,射流速度沿程下降加速。各种不同形状喷嘴的紊流系数和喷吹扩散角的实测值如表 2-1[205-206]所示。

表 2-1　各种不同形状喷嘴的紊流系数和喷吹扩散角实测值

喷嘴种类	紊流系数	两倍喷吹扩散角 2α
带收缩口的喷嘴	0.066～0.071	25°20′～27°10′
圆柱形管	0.076～0.08	29°00′
带导风板的轴流式通风机 带导流板的直角弯管	0.12～0.20	44°30′～68°30′
带金属网格的轴流风机	0.24	78°40′
收缩极好的平面喷口	0.108	29°30′
平面壁上锐缘狭缝	0.118	32°10′
具有导叶且加工磨圆边口的风道上纵向缝	0.155	41°20′

　　从表 2-1 中数值可知,喷嘴上安装不同形式的风板栅栏导致出口截面上气流的扰动紊乱程度不同,紊流系数也就不同。扰动大的紊流系数值增大,喷吹扩散角也增大。

　　3) 自由射流运动特征

　　自由射流运动特征即射流各断面的速度分布规律,大量实验研究表明射流各断面上速度分布具有相似性。无论是主体段还是起始段,轴心速度最大;从轴心向边界层边缘,速度逐渐减小,到边界层边缘时速度减小到零;距喷嘴越远,轴心速度越小、边界层厚度越大,即随着射程的增加各断面上的速度分布逐渐扁平化。

　　4) 自由射流动力学特征

　　射流中任意点上的静压强都等于周围气体的压强,假设射流从喷嘴喷出后属于紊流流动,并且出口断面上的速度分布是一致的,取射流中任意两个射流横截面,由于两个横截面上所受静压强均相等,因此 x 轴外力之和为零。根据动量方程可得各横截面上动量相等,这就是自由射流的动力学特征。

2.2.3　受限射流分析

　　通常,在实际应用中气体射流并不会射入无限大的空间,自由射流规律不能完全适用于受限射流,受限射流中各个横截面上动量不相同,沿程动量减少,因此受限射流研究起来较自由射流要困难很多。目前,受限射流尚无很成熟可靠的理论支撑,多数是通过实验得到的经验公式,不具有通用性。受限射流流场结构如图 2-3 所示,从喷嘴出口至 Ⅰ-Ⅰ 断面,由于壁面尚未妨碍射流的扩展,射流的发展是按照自由射流的规律进行的,因此可以利用自由射流公式计算求解。Ⅰ-Ⅰ断面即为第一临界断面。

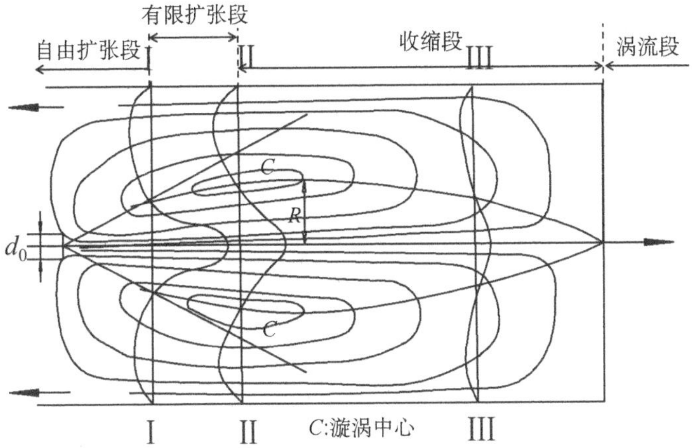

图 2-3　受限射流流场结构

从Ⅰ-Ⅰ断面之后,射流的扩展受到壁面的限制,卷吸周围气体的作用逐渐变小,造成射流断面的扩张和流量的增加都相对缓慢,到达Ⅱ-Ⅱ断面时射流流线开始越过边界层,出现回流现象,并且沿程射流流量出现减少,所以,射流流量在Ⅱ-Ⅱ断面为最大值,此处的回流平均流速、回流流量也是最大的。Ⅱ-Ⅱ断面为第二临界断面。

从Ⅱ-Ⅱ断面之后,射流的主体流量、回流流量、回流平均流速都不断变小,直至Ⅳ-Ⅳ断面,射流主体流量减少到零。通常将有限空间的射流分为三段:自由扩张段(喷口至第一临界断面)、有限扩张段(第一临界断面至第二临界断面)和收缩段(第二临界断面以后)[205, 207]。

2.3　过滤净化除尘系统

干法过滤除尘系统在工业除尘领域应用广泛,其数量约占工业除尘器使用总数的60%以上[208]。干法过滤除尘器主要有袋式除尘器和滤筒除尘器两种。滤筒除尘器是在袋式除尘器的基础上演化而来的,在保证稳定运行的前提下,滤筒除尘器不仅具有除尘效率高、过滤阻力小的优点,因其褶结构的存在,还增加了除尘器的过滤面积、缩小了设备尺寸。因此,在铁路公路隧道、煤矿巷道等狭小空间,滤筒除尘器较袋式除尘器更为适用。

2.3.1　脉冲滤筒除尘器介绍

脉冲滤筒除尘器主要由过滤系统、清灰系统、卸灰系统、主箱体、花板、风管、风机、检测系统等部分组成,其主体结构如图 2-4 所示。过滤系统主要为褶式滤筒,是整个除尘器最核心的部件。所用滤筒体积与除尘器总体积有很大关系,除尘器的除尘效率也依赖滤筒滤料的过滤精度。清灰系统主要包括气包、脉冲阀、喷吹管、喷嘴等,气包压力大小和容量、脉冲阀型号和脉冲宽度、喷吹管和喷嘴形状等因素都会影响清灰效果。卸灰系统形式多样,包括重力卸灰阀、插板阀、卸灰抽屉、星型卸灰阀、刮板机等。

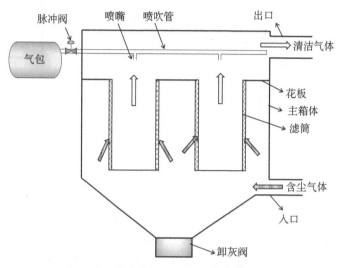

图 2-4 脉冲滤筒除尘器主体结构示意图

含尘气体经风筒进入脉冲滤筒除尘器后,气流断面突增,气流中部分较大粒径的粉尘在重力和惯性作用发生沉降现象;粒径较小、密度较轻的粉尘颗粒则由于扩散、筛滤等效应的作用逐渐沉积在滤料外表面,净化后的清洁气体穿过滤筒进入净气室后通过风筒、风机排出。脉冲滤筒除尘器的压降随着滤筒外壁沉积粉尘的增加而增大,当过滤阻力达到设定值时须进行清灰操作。由脉冲控制仪控制脉冲阀的开关,当脉冲阀开启时,气包内的高压气体通过脉冲阀经喷吹管上的喷嘴喷射出来,并产生约为引射气流1~2倍的诱导气流一同射入滤筒内壁,使滤筒内壁出现瞬间正压并产生膨胀和振动,造成沉积在滤筒外壁的粉尘脱落,掉入灰斗内,之后再通过卸灰阀排出。

脉冲滤筒除尘器使用了褶式滤筒,从而使滤料布置密度增大,除尘器体积减小;滤筒高度较滤袋有了很大降低,安装更加方便,后期维修工作量也更小;相同体积时脉冲滤筒除尘器有更大的过滤面积、较小的过滤风速,过滤阻力相应减小。因此,滤筒除尘器在工矿施工除尘领域应用越来越广泛,根据除尘器的用途和性能不同,在滤筒形状(圆筒型、扁方框型)、过滤方向(内滤式、外滤式)、进风口位置(上进风、下进风)、清灰方式(振动、反吹、脉冲、气环反吹)、内部正负压力(正压式、负压式)和使用温度(常温、高温)等方面有了不同的分类[208]。本书的研究主要集中在圆筒形滤筒、外滤下进风、常温、脉冲清灰、负压式除尘器。

2.3.2　隧道用脉冲滤筒除尘器设计原则

由于隧道施工空间相对狭小、环境恶劣,因此隧道用脉冲滤筒除尘器与地面上常用除尘器是有区别的。为与隧道施工相匹配,对常规干法过滤除尘器进行改进,隧道用脉冲滤筒除尘器设计原则如下:

1) 集气吸尘罩

集气吸尘罩是滤筒除尘器的重要部分,其使用效果越好意味着隧道内被收集的粉尘越多,除尘效果越好。集气吸尘罩按照作用和构造可以分为密闭罩、半密闭罩和外部罩。在隧道施工中产尘源大且不固定,含尘气体不能密闭或围挡起来,无法使用密闭罩和半密闭罩,因此隧道施工中多采用外部集气吸尘罩,利用罩口的吸气作用将距吸气口有一定距离的含尘气体吸入罩内。为保证集尘效果,吸尘罩与产尘源之间的距离要小于有效吸程。

2) 除尘器主箱体

隧道特有的狭长环境,使得隧道内长度方向空间富余,但宽度和高度上对除尘器有一定的限制。因此,除尘器主体应为符合隧道狭长环境的长箱体结构。为方便运输,须将长箱体设计为分体组合式长箱体结构。

3) 风机

风机因其作用、原理和材质等不同具有多种类型。按其在管网中的作用可以将风机分为压入式风机和抽出式风机;按其工作原理可以将风机分为离心式风机和轴流式风机;按其叶片材质可以分为玻璃钢、不锈钢、铝、塑料等叶片风机。由于隧道所特有的狭长特征,一般选用轴流式通风机;隧道内环境恶劣,出于安全考虑多采用防爆风机,叶片材质不宜采用铝;当除尘器使用压入式风机时,对设备的密封性要求极高,稍有漏风就会导致粉尘泄露,此外,含尘气体未经处理就进入压入式风机,对风机有很大磨损,因此隧道中要使用抽出式风机。

4) 噪声

滤筒除尘器的噪声主要产生于风机。风机的噪声包括因叶片带动气体流动过程中产生的空气动力噪声、风机机壳受激振动辐射的噪声以及机座因振动产生的噪声。其次是风流引起的除尘设备内部噪声。因此,隧道施工中噪声严重,除尘器所用风机要尽量选噪声低的风机,从声源解决环境噪声问题,若达不到要求,则要给风机安装消声器和减震器等降噪装置。

5) 气源气包

气源气包简称“气包”,对滤筒除尘器清灰装置来说起到稳定气压的作用。通常气包容积越大,所能提供的气压就会越稳定,其清灰效果就越好。然而,在隧道施工现场,气包容积受到场地、资金等因素的限制,要更合理地设计气包。根据以往现场实践经验,在一次脉冲后气源气包内的压降最好不超过原存储压力的 30%。气包的进气管尽量选大口径以快速补充压缩气体,对于大容量气包可以通过设计多个进气管道增加补充压缩气体的速度。隧道内湿度大,气包底部要安装油水分离器,定期将气包内的杂质和水等排出。

6）喷吹管

脉冲滤筒除尘器在净气室内安装若干喷吹管,喷吹管上开有若干喷嘴,每个喷嘴对准一个滤筒,脉冲喷吹时从脉冲阀喷出的高速压缩气体通过喷嘴射入滤筒内部,并诱导周围的气体一同进入滤筒,使滤筒外壁上的粉尘脱落。喷吹管设计是否合理会直接影响到脉冲滤筒除尘器的使用效果好坏和滤筒自身的使用寿命长短。喷吹管入口直径应与脉冲阀出口直径相同;由于喷吹管无耐压要求,一般可以选用无缝钢管;喷吹管的长度取决于所能喷吹的滤筒数量、滤筒直径和滤筒中心距。此外,在设计时,喷嘴应垂直向下,不能倾斜。

7）滤筒

除尘器的体积很大一部分取决于滤筒的总体积,滤筒设计时要充分考虑滤筒尺寸、内骨架尺寸及强度、褶结构大小、过滤精度、过滤阻力等。褶结构能够增加过滤面积降低过滤阻力,但褶间距过小时会增加清灰难度。此外,由于含尘气体浓度、粉尘物理化学性质、空气湿度、过滤风速、滤料自身性能等因素的不同,很难单纯依靠理论计算公式求解滤筒外形各设计参数,要结合实验得出经验数值。隧道内粉尘黏度较大,滤筒实际过滤面积应大于理论计算过滤面积,以保证滤筒使用寿命和应用效果。

8）脉冲阀

脉冲阀因其受电磁、气动和机械等先导阀控制的异同可以分为电磁脉冲阀、气动脉冲阀和机械脉冲阀。好的脉冲阀应具有打开时间短而提供的压力峰值高的特点,因此,应从喷吹气量、开关灵敏度、喷吹压力峰值和流通系数等方面考虑选择性价比高的脉冲阀。脉冲阀的气源压力范围为 $0.2\sim0.7$ MPa。电磁脉冲阀应用较广泛,但是出于安全考虑,在隧道、煤矿等复杂场所,多采用气动脉冲阀和机械脉冲阀。

9）卸灰装置

卸灰装置的工作状况直接影响脉冲滤筒除尘器的运行。卸灰装置选择不当时空气会经卸灰口进入除尘器内部,破坏除尘器内部流场,使沉降的粉尘颗粒再次飞扬。常用的卸灰装置有翻板式卸灰阀、星型卸灰阀和插板卸灰阀。在隧道等狭小空间内,由于除尘器高度受限制,为了节省空间,多采用刮板输送机将粉尘输送到除尘器一侧,之后通过插板卸灰阀将粉尘排出。

10）防爆

除尘器内含尘气体爆炸必须满足三个条件:一是含尘气体浓度要在粉尘爆炸极限范围内;二是氧含量大于13%;三是有点火源。滤筒除尘器作为集尘装置使内部粉尘浓度时刻低于爆炸下限在经济上不划算,但可以通过及时卸灰,将内部粉尘排出,减小粉尘堆积引发自燃的可能性。除尘器内部壁板应设计为平滑壁板,以减少粉尘堆积。防尘板角度、溜角等要大于 70°。对于易爆炸场所,采用防静电滤料、防爆脉冲阀进行主动防爆。此外,安装防爆泄爆装置也是十分必要的。

2.3.3 脉冲滤筒除尘器性能参数

脉冲滤筒除尘器性能参数主要包括处理风量、压降(运行阻力)、除尘效率、排放浓度、漏风率等,其检测方法如表 2-2 所示。若想对脉冲滤筒除尘器进行更加全面的评价,除了上述几个指标外,还应包括脉冲滤筒除尘器安装、操作、检修等的难易程度,运行所需费用等指标。

表 2-2　除尘器技术性能和检测方法

序号	参数	检测方法
1	处理风量/($m^3 \cdot h^{-1}$)	皮托管法、风速表法
2	压降/Pa	压差法
3	除尘效率/%	称重法、浓度法
4	排放浓度/($mg \cdot m^{-3}$)	在线检测法、称重法
5	漏风率/%	风量平衡法

1) 处理风量

处理风量是脉冲滤筒除尘器在单位时间内所能处理的流量,一般用体积流量(单位为 m^3/min 或 m^3/h)表示。抽出式脉冲滤筒除尘器的处理风量为其入口风量,压入式除尘器的处理风量则为其出口风量。但在实际运行过程中除尘器往往存在漏风现象,使得出口风量和入口风量不同,因此,部分设计人员采用两者的平均值作为设计除尘器的处理风量。

2) 压降

脉冲滤筒除尘器的压降是表征除尘器运行能耗大小的技术指标,可以通过测定脉冲滤筒除尘器入口和出口的全压差来计算。压降不仅与脉冲滤筒除尘器的种类和结构有关,还与滤料种类、处理气体通过时的流速等因素有关,通常压降与进出口气流的动压成正比。由于脉冲滤筒除尘器结构差异大,其总压降常用设备入口全压与出口全压的差值表示。

对大中型脉冲滤筒除尘器而言,除尘器入口和出口之间的高度差也会增加设备运行阻力,其阻力是除尘器入口及出口测定位置的高度差和气体的密度差之积。通常,由除尘器进出口高度差引起的运行阻力很小,可以忽略不计。但是,如果气体温度高、进出口高度差大,就不能忽略进出口高度差引起的运行阻力。如果在除尘器进出口处测定的截面流速及其分布大致一致时,可用静压差代替总压差来求出压力损失。除尘器运行阻力,实质上是气流通过除尘器时所消耗的机械能,它与风机所耗功率成正比,运行阻力越大风机耗能越大,因此在取得相同效果时,除尘器运行阻力越小越好。

3)除尘效率

除尘效率是指在同一时间内被除尘器滤筒所捕集的粉尘量与进入除尘器的粉尘量之比。

由总除尘效率的定义可知:

$$\eta = \left(1 - \frac{Q_{out} c_{out}}{Q_{in} c_{in}}\right) \times 100\% = \frac{c_{in} - c_{out}(1 + \Omega)}{c_{in}} \times 100\% \qquad (2\text{-}5)$$

式中:Q_{in}——进口气体流量;

c_{in}——进口粉尘浓度;

Q_{out}——出口气体流量;

c_{out}——出口粉尘浓度;

Ω——漏风率;

η——总除尘效率。

若除尘器本身的漏风率 Ω 为零,即 $Q_{in} = Q_{out}$,则式(2-5)可简化为:

$$\eta = \left(1 - \frac{c_{out}}{c_{in}}\right) \times 100\% \qquad (2\text{-}6)$$

通过人工称重之后再利用式(2-5)和式(2-6)可求得总除尘效率,即为质量法。在实际测量过程中,同时测出除尘器入口前和出口后的粉尘浓度,再利用式(2-5)和式(2-6)求得总除尘效率,即为浓度法。有时由于除尘器进口含尘浓度高或其他原因,可以在脉冲滤筒除尘器前增设预除尘器。根据除尘效率的定义,两台除尘器串联时的总除尘效率为:

$$\eta = \eta_1 + \eta_2(1 - \eta_1) = 1 - (1 - \eta_1)(1 - \eta_2) \qquad (2\text{-}7)$$

式中:η_1——第一级除尘器的除尘效率;

η_2——第二级除尘器的除尘效率。

当有 n 台除尘器串联使用时其总除尘效率为:

$$\eta = 1 - (1 - \eta_1)(1 - \eta_2) \cdots (1 - \eta_n) \qquad (2\text{-}8)$$

式中:η_n——第 n 级除尘器的除尘效率。

除尘效率是从脉冲滤筒除尘器捕集粉尘的角度来评价其性能,《大气污染物综合排放标准》(GB 16297—1996)中指出,采用未被捕集的粉尘量(1 h 排出的粉尘质量)来表示脉冲滤筒除尘器的除尘效果。未被滤筒捕集的粉尘量占入口粉尘量的百分数称为穿透率,其计算公式如下:

$$P_\eta = (1 - \eta) \times 100\% \qquad (2\text{-}9)$$

式中：P_η——穿透率。

由式(2-9)可知,除尘效率和穿透率两者是从不同的角度表征相同的问题,但对于高效除尘器,采用穿透率表示更方便。

4）排放浓度

当脉冲滤筒除尘器只有一个出口时,测量的除尘器出口粉尘浓度即为除尘器排放浓度。当脉冲滤筒除尘器有多个出口时,排放浓度按下式计算：

$$c_{out} = \frac{\sum\limits_{i=1}^{n}(c_i Q_i)}{\sum\limits_{i=1}^{n} Q_i} \tag{2-10}$$

式中：c_i——单个出口实测粉尘浓度,mg/m³；

Q_i——单个出口实测风量,m³/h。

5）漏风率

漏风率是评价脉冲滤筒除尘器严密性的一个指标,漏风率因风机抽风量的大小不同而有所变化,对于脉冲滤筒除尘器,通常选定在实际运行工况下进行测试。

2.3.4　脉冲喷吹影响参数

脉冲喷吹三要素包括脉冲能量、喷吹周期和脉冲宽度[112]。脉冲喷吹系统中,在脉冲阀直径、喷吹孔直径及数量、滤筒直径及长度已定的条件下,脉冲喷吹三要素是影响脉冲滤筒除尘器清灰性能优劣的主要因素。

1）脉冲能量

脉冲能量是指完成清灰操作所需要的最小能量,其与脉冲喷吹气量、脉冲喷吹压力有关,要使脉冲滤筒除尘器的清灰达到理想的效果,一定要满足最低脉冲能量的要求；当达不到要求,如脉冲喷吹压力太低或脉冲喷吹气量太小时,除尘器清灰效果变差。因此,在脉冲喷吹压力一定时,存在一个最小的脉冲喷吹气量满足清灰要求；在脉冲喷吹气量一定时,存在一个最小的脉冲喷吹压力满足清灰要求。

（1）最小脉冲喷吹气量

脉冲喷吹流量是一个脉冲阀在特定压力下喷吹一次的情况下清洁固定过滤面积滤料所消耗的气量。在过滤面积确定的条件下,脉冲喷吹气量还受粉尘粒度、过滤风速、粉尘含湿量、喷吹装置设计的合理性等因素影响。

（2）最小脉冲喷吹压力

在脉冲喷吹气量一定的情况下,必须有一定的脉冲喷吹压力完成清灰操作,低于此压力时清灰效果不佳。最小脉冲喷吹压力与脉冲阀结构、喷吹装置结构和气包压力大小有关。为得到较高的脉冲喷吹压力,设计大中型脉冲滤筒除尘器经常选用阳力较小的淹没式脉冲阀,避免用阻力较大的直通式脉冲阀。最小脉冲喷吹压力与除尘器的运行状态有重要关系,离线清灰的脉冲滤筒除尘器最小脉冲喷吹压力要小于在线清灰。

2) 喷吹周期

喷吹周期是脉冲滤筒除尘器脉冲喷吹清灰的间隔时间,是维持脉冲滤筒除尘器压降稳定的一种方法。喷吹周期与喷吹所消耗的压缩空气量、滤袋寿命以及易损件的消耗量有关。

影响脉冲滤筒除尘器压力损失大小的因素有除尘器的结构形式、滤料种类、褶结构大小、过滤风速、入口含尘气体粉尘浓度、粉尘性质、喷吹压力等。调节喷吹周期是降低压降的一种方法。当粉尘浓度低、过滤风速小、粉尘黏附性小的时候压降小,此时,可增加喷吹周期,使压力损失维持在限定范围,用以降低清灰能耗。

在不影响脉冲滤筒除尘器正常运行的情况下,可以通过延长喷吹周期来减少压缩空气消耗量,降低对脉冲喷吹系统的磨损,增加滤筒和脉冲阀的使用寿命。但是,在入口粉尘浓度保持不变的情况下,当脉冲压力过低或过滤风速过大等原因造成脉冲滤筒除尘器压降超限时,通过缩短喷吹周期降低脉冲滤筒除尘器的压降使其维持在限定范围是比较困难的,其主要原因是喷吹到滤筒内的气体所形成的反吹风速不大于过滤风速,吸附在滤筒外壁的部分粉尘虽然在脉冲喷吹瞬间离开滤筒,但由于反吹风量不足,粉尘来不及降落又被吸回滤筒外壁上。因此,在这种情况下缩短喷吹周期所起的作用较小,若过多地缩短喷吹周期、增加喷吹次数,会导致气包贮量不够而降低脉冲喷吹效果,不但不能降低除尘器的压降,清灰能耗也会相应增加。当延长喷吹周期时脉冲喷吹系统清灰能耗减小,但由于滤筒除尘器压力损失增加过多,就会增加滤筒除尘器的过滤能耗,因此,总的能耗是否降低仍要全面衡量。

3) 脉冲宽度

脉冲宽度是脉冲滤筒除尘器脉冲喷吹的持续时间,表示从脉冲阀开启到喷吹结束所用时间。脉冲宽度对脉冲滤筒除尘器清灰效果有一定的影响,根据清灰原理可知,清灰效果与瞬间喷射到滤筒内的喷吹气量和喷吹压力有关。相同时间内喷吹气量越多,产生的反吹风速和喷吹压力就越大,清灰效果就越好。喷吹气量除了与脉冲宽度有关外,还与气包压力、喷吹管构造、脉冲阀规格等因素有关。在工况相同的条件下,喷吹气量随气包压力增高和脉冲宽度增大而增加;在同样的气源气包压力和脉冲宽度下,不同口径的脉冲阀喷吹气量也不同,口径越大,喷吹气量越多。在确定了脉冲喷吹清灰系统及滤筒尺寸后,可以确定合适的气包压力和脉冲宽度。在除尘器过滤风速和入口气体含尘浓度不变的情况下,如果脉冲阀开启时间过短,膜片打开程度不够,会造成脉冲喷吹的压缩空气量不足,进而诱导风量减少,导致喷吹风速及喷吹压力降低,黏附在滤筒外壁上的粉尘难以彻底清除;如果脉冲阀开启时间过长,除尘器压降降幅并没有增加,不仅得不到预期的清灰效果,还会造成浪费,即通过调节脉冲宽度来降低脉冲滤筒除尘器压力损失是有限的。

2.4　本章小结

　　本章在气固两相流理论基础上阐明了滤料过滤机理,分析了脉冲喷吹理论、自由射流理论和受限射流理论。在对脉冲滤筒除尘器结构及形式进行分析的基础上,明确了隧道用脉冲滤筒除尘器各部件设计原则,总结了脉冲滤筒除尘器性能参数及计算方法。

3 滤料过滤性能的空气湿度影响

在实际应用过程中,外界环境对滤筒除尘器的性能有很大影响,如空气湿度、温度、粉尘性质等因素都会影响滤筒除尘器的性能。在一年内空气湿度是不断变化的,夏天空气湿度较高,冬天则较低,甚至在同一天内白天和夜晚的空气湿度也不尽相同。遇到降雨天气时,空气湿度会迅速升高,这些空气湿度变化都会影响滤料的过滤性能。在隧道施工环境中,条件恶劣,空气湿度普遍偏高。在遇到涌水、突水现象时,空气湿度急剧增加,其影响更显著。此外,在空气湿度较高的情况下,吸湿性粉尘颗粒的体积会发生变化,进一步加剧空气湿度对过滤的影响。高性能滤料具有高效低阻的特点,近几年在美国、德国等发达国家被广泛使用,但关于高性能滤料受空气湿度影响的研究不足。因此,本章开展空气湿度对滤料过滤加载特性影响的研究。

3.1 滤料表面粉尘颗粒沉积理论

当含尘气体穿过滤料时,气体中的粉尘颗粒被捕集在滤筒外壁,从宏观上可以观测到被捕集的粉尘在滤料表面逐渐堆积,从微观上分析,滤料表面沉降的粉尘颗粒受到多种力的相互作用。对于新沉积的粉尘颗粒,这些作用力可以分成两部分:加速粉尘颗粒压缩的沉积力和阻碍粉尘颗粒压缩的沉积阻力[209-210]。其中,沉积力主要包括风机负压作用产生的风流力和粉尘颗粒自身的惯性力;沉积阻力包括颗粒之间的摩擦力和黏附力、已沉积粉尘颗粒对新沉降粉尘颗粒的支撑力。黏附力主要包括分子间作用力、静电力和毛细作用力等。由于粉尘颗粒重力很小,此处忽略粉尘颗粒质量的影响。新沉积粉尘颗粒受力示意图如图 3-1 所示,粉尘颗粒之间的摩擦力如式(3-1)所示。

$$F_f = \beta'[F_a + (F_w + F_i)\cos\theta] \tag{3-1}$$

式中：F_f——粉尘颗粒之间的摩擦力,N;

β'——粉尘颗粒之间的摩擦系数,无量纲;

F_w——风流力,N;

F_i——惯性力,N;

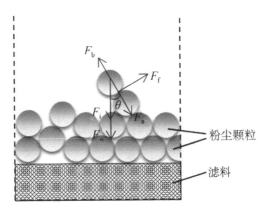

图 3-1 粉尘层沉积颗粒受力分析

注：F_w 表示风流力，单位为 N；F_i 表示惯性力，单位为 N；F_a 表示黏附力，单位为 N；F_b 表示已沉降粉尘颗粒对新沉降粉尘颗粒的支撑力，单位为 N；F_f 表示粉尘颗粒之间的摩擦力，单位为 N；θ 表示受力夹角，单位为°。

F_a——黏附力，N；

θ——受力夹角，°。

当粉尘颗粒之间的切向沉积力[式(3-2)]大于粉尘颗粒之间的摩擦力时，即如式(3-3)所示，此时，新沉降的粉尘颗粒将向下沉积，否则粉尘颗粒将不再向下沉积。

$$F_{qz} = (F_w + F_i)\sin\theta \tag{3-2}$$

式中：F_{qz}——粉尘颗粒之间的切向沉积力，N。

$$(F_w + F_i)\sin\theta > \beta'[F_a + (F_w + F_i)\cos\theta] \tag{3-3}$$

由式(3-1)可知，当 F_a 或 β' 增加时，会导致 F_f 增加，此时新沉积粉尘颗粒不易压缩，粉尘颗粒之间的孔隙率较大，过滤阻力则较小；当沉积力（$F_w + F_i$）增加时，θ 会相应增加，此时粉尘颗粒容易被压缩沉积，粉尘颗粒之间的孔隙率减小，过滤阻力则增加。风流力 F_w 主要受气流流速影响，几乎不受空气湿度的影响。随着空气湿度的增加，粉尘颗粒的含水量增加，这将导致颗粒密度、摩擦角和表面张力的增加，进而增加惯性力、摩擦力和黏附力。

在空气湿度较高的环境中，粉尘颗粒之间，特别是吸湿性粉尘颗粒之间会形成液桥，液桥的形成可分为两个步骤：第一，当两个粉尘颗粒接触时，颗粒表面的液态薄膜在靠近触点时会熔合在一起形成重叠区域；第二，在重叠区域，由于毛细凝聚作用，颗粒表面其他区域的液态薄膜分布会被吸引到重叠区域。因此，重叠区域形成了一个稳定的液桥[211]，液桥示意图如图 3-2 所示。

两个颗粒之间的液桥力可以由式(3-4)表示[211]：

$$F_{lq} = \pi r_n^2 \sigma \left(\frac{1}{r_{lp}} - \frac{1}{r_u} \right) + 2\pi r_n \sigma \tag{3-4}$$

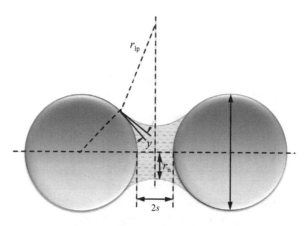

图 3-2　球形颗粒之间液桥示意图

式中：σ ——液体表面张力；

　　　r_{lp}、r_n ——图 3-2 中所示几何参数。空气湿度越大，液桥越明显，这意味着 r_n 变大，液桥力也随之增大。此外，随着液桥力的增加，颗粒间的黏附力也会相应增加[210]。

　　Pei 等[169]在研究中指出，当吸湿性粉尘颗粒被过滤在滤料表面后，相邻沉积颗粒之间的间隙是水蒸气凝结的理想场所。颗粒间的间隙会导致缩颈，从而降低枝晶结构的总表面积。当粉尘颗粒吸收更多的水蒸气后，粉尘颗粒会黏结在一起，枝晶结构会收缩并打开空气通道，进而降低沉积粉尘颗粒对气体的阻力，如图 3-3 和 3-4 所示。

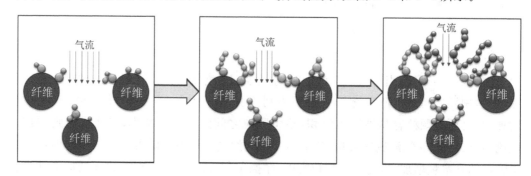

图 3-3　低湿度条件下吸湿性粉尘颗粒在纤维表面的枝晶重组

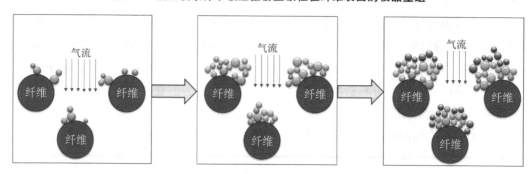

图 3-4　高湿度条件下吸湿性粉尘颗粒在纤维表面的枝晶重组

Montgomery 等[175, 212]描述了氯化钠颗粒在湿空气中的枝晶重组现象,并指出在相对湿度为 30％时即可发生颗粒重组现象,相对湿度远远低于氯化钠的潮解点湿度。Weingartner 等[213]研究了相对湿度对煤烟形态的影响,发现毛细凝结水能导致煤烟聚合体倒塌崩溃。在高相对湿度环境下,沉积粉尘颗粒的总表面积减小,且空气通道更为开放,此时,粉尘层过滤阻力减小。

值得注意的是,在相对湿度较高的情况下,滤料纤维上的枝晶的形态变化主要是由颗粒与颗粒之间的相互作用引起的,在不同的过滤介质[142, 152, 165, 212]上可观察到类似的现象。

3.2 实验系统与方法

3.2.1 实验滤料及处理方法

实验中采用 3 种高性能滤料,分别为滤料♯1、滤料♯2 和滤料♯3,3 种滤料的参数如表 3-1 所示,扫描电镜如图 3-5 所示。滤料精度太高时,滤料性能变化不显著,滤料精度太低时,加载时间太久,因此本节选择了 3 种代表性滤料进行研究。为了全面地了解相对湿度对滤料初始过滤效率的影响,在过滤测试前对滤料进行了不同的处理。第一组是将滤料淹没沉浸在水里 24 h,之后在干燥室内干燥 24 h,这组滤料与水完全接触的测试可以用来判断水是否能降低纤维的电荷,其目的是模拟滤料在突水、渗水或者高湿度等极端情况下过滤性能的变化。第二组是利用 IPA(异丙醇)饱和蒸汽浸泡法去除滤料自身所携带静电,使其变为机械滤料[155]。通过比较未处理滤料、浸水滤料和去静电滤料之间的初始过滤效率,可以获得最大湿度效应对滤料初始过滤效率的影响。如果空气湿度确实对滤料初始过滤效率有一定影响,则浸水滤料的初始过滤效率将介于未处理滤料和去静电滤料之间。第三组是在初始过滤效率测试期间改变气流的空气

表 3-1　滤料参数

类型	♯1(HEPA)	♯2(复合滤料)	♯3(MERV-13)
纤维直径/μm	2.0±0.5	22.3±3.9(L1) 4.1±1.1(L2)	13.1±0.9
厚度/mm	0.11±0.01	0.95±0.05	0.45±0.02
电荷密度/(C·m⁻²)[214]	8.5×10^{-5}	4.0×10^{-5}	7.0×10^{-5}
0.3 μm 颗粒过滤效率*/%	99.95±0.02	97.69±0.11	86.62±0.23
初始压降*/Pa	90.9±2.2	49.3±1.5	7.9±0.3

注:＊表示过滤风速为 10 cm/s 时进行测试。

(a) 滤料#1　　　　　　　　　　(b) 滤料#2　　　　　　　　　　(c) 滤料#3

图 3-5　滤料的扫描电镜图

湿度,用来研究空气湿度变化对滤料初始效率的影响,如喷雾、降雨等因素造成的湿度突然升高。实验中,首先,调节气流相对湿度为 10％并测试滤料的分级过滤效率;其次,调节气流相对湿度为 60％,并使用相同的滤料进行分级效率测试;再次,将相对湿度增加到 90％,并用相同滤料进行分级效率测试;最后,将相对湿度再次调节到 10％进行相同的测试。使用同一个滤料进行上述测试有利于降低滤料不均匀性造成的影响。值得一提的是,由于采用差分电迁移率分析仪(DMA)筛分的单分散 NaCl 颗粒进行过滤实验,它们的低浓度可以避免使用相同介质时的加载效应对实验结果的影响。图 3-6 显示了通过调节干燥压缩空气的流速和进入气泡加湿器的气流流速来控制气流的相对湿度。

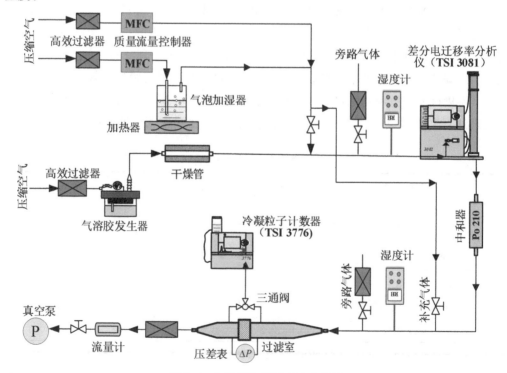

图 3-6　初始效率测试系统示意图

利用去静电单分散 NaCl 颗粒测试 3 种滤料在初始状态、浸水和去静电处理后的初始效率。测试了滤料♯3 在真实环境中的老化特性,滤料♯3-1、♯3-2 和♯3-3 分别为在真实环境中使用了 5、6 和 7 个月的滤料。采用吸湿性 NaCl 颗粒、非吸湿性 SiC 颗粒和混合颗粒(NaCl 和 SiC 质量比为 1∶1)测试不同空气湿度条件下(相对湿度 30%、60% 和 80%)滤料♯2 的压降和初始效率。

根据 Tang 等[155]的研究,相对于 IPA(浓度大于 99.9%)液体浸泡法,IPA 饱和蒸汽浸泡法能更彻底地去除滤料纤维所带静电,因此,实验中根据 ISO 168904:2016[215]选择 IPA 饱和蒸汽浸泡法去除滤料纤维所带静电,处理时间为 24 h。此外,为了研究浸水处理对滤料♯2 的过滤效率,将滤料♯2 沉浸在水中 24 h 以保证和 IPA 饱和蒸汽法所用时间相同。根据 Chang 等[159]研究结果可知,经 IPA 饱和蒸汽浸泡和水浸泡后,滤料的结构和压降都没有发生改变。

3.2.2　初始效率测试

实验中,在过滤风速为 10 cm/s、相对湿度为 30% 情况下,采用去静电单分散 NaCl 颗粒(粒径范围为 15～500 nm)测试初始状态、浸水和去静电处理后滤料♯1、♯2 和♯3 的初始效率,研究浸水能否去除滤料所带电荷。之后,测试初始滤料♯1、♯2 和♯3 在相对湿度变化(10%—60%—90%—10%)的环境中的初始效率。为了研究滤料的老化特性,在过滤风速为 10 cm/s 和相对湿度为 30% 的条件下,测量了初始滤料♯3-0、使用过的滤料♯3-1、♯3-2 和♯3-3(滤料♯3-1、♯3-2 和♯3-3 分别为从使用了 5、6 和 7 个月的过滤器中采集的滤料)对去静电单分散 NaCl 颗粒的初始效率。实验装置示意图如图 3-6 所示,实物图如图 3-7 所示。

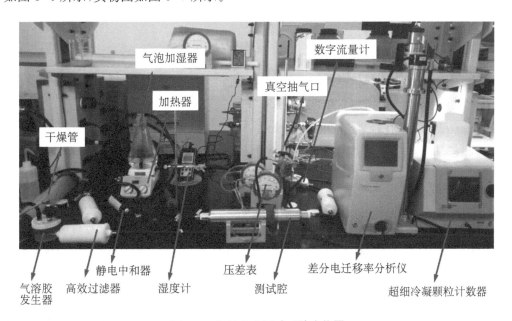

图 3-7　初始效率测试系统实物图

使用 TSI 9302 型号气溶胶发生器(图 3-8)从溶液中生成颗粒,采用压力为 10 psi(约 68.95 kPa)的压缩空气雾化溶液。NaCl 颗粒在纯水中溶解良好,然而,SiC 颗粒不溶于纯水,因此,将十二烷基硫酸钠(SDS)加入 SiC 溶液和混合溶液中,使 SiC 在纯水中均匀分散,采用高效过滤器平衡实验系统与外界环境压力,采用 TSI 4100 流量计(图 3-9)控制实验系统流量大小,使用 TSI 3081 型号差分电迁移率分析仪(DMA,图 3-10 左图)对颗粒进行筛选,并用筛选后的颗粒进行过滤。为了尽量减少水分子和静电沉积对实验的影响,分别采用扩散干燥管和静电中和器对雾化颗粒进行干燥和静电中和。通过将清洁空气鼓入气泡加湿器中产生水蒸气,将水蒸气与含尘气体混合,将含尘气体增湿到所需的相对湿度。每种测试粒径的初始效率由滤料的下游颗粒浓度和上游颗粒浓度确定,颗粒浓度通过 TSI 3776 型超细冷凝颗粒计数器(UCPC,图 3-10 右图)测量,滤料的过滤效率计算公式如下:

 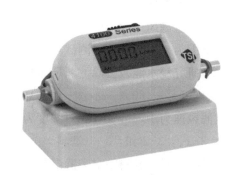

图 3-8　气溶胶发生器　　　　　　图 3-9　流量计

$$E(d_x) = 1 - c_{\text{down}}(d_x)/c_{\text{up}}(d_x) \tag{3-5}$$

式中:$E(d_x)$——不同粒径颗粒过滤效率;

　　　$c_{\text{down}}(d_x)$——下游颗粒浓度,mg/cm^3;

　　　$c_{\text{up}}(d_x)$——上游颗粒浓度,mg/cm^3;

　　　x——20、30、50、80、100、200、300、400、500、600、700,nm。

3.2.3　加载测试

在不同空气湿度下,利用多分散粒径粉尘颗粒对滤料♯2 的加载特性进行研究。滤料加载测试系统实验装置如图 3-12 所示。采用气溶胶发生器从 NaCl 溶液、SiC 溶液和混合溶液中产生多分散颗粒,通过调节溶液浓度和压缩气体压力来调节颗粒粒径分布和浓度。本实验中,溶液浓度约为 1 g/L,压缩空气压力为 10~20 psi(68.95~137.90 kPa)。在相对湿度 30%的条件下,利用 TSI 3938 型号扫描电迁移率粒径谱仪(SMPS,图 3-10)测试粒径

小于 $0.8~\mu m$ 的颗粒,利用 TSI 3330 型号光学颗粒物粒径谱仪(OPS,图 3-11)测试粒径大于 $0.8~\mu m$ 的颗粒,所测颗粒粒径分布如图 3-13 所示。由图 3-13 可知,经过加湿处理后,SMPS 测量的颗粒的质量浓度约为 $10~mg/m^3$,OPS 所测量的 NaCl 颗粒、SiC 颗粒和混合颗粒的质量浓度相似,分别为 $2.1~mg/m^3$、$4.8~mg/m^3$ 和 $3.6~mg/m^3$。

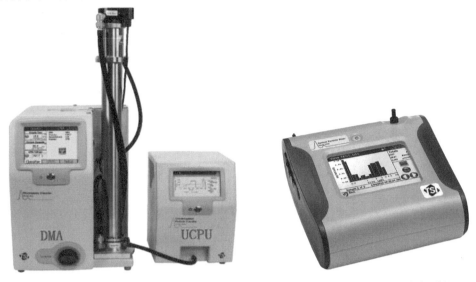

图 3-10　扫描电迁移率粒径谱仪　　　　图 3-11　光学颗粒物粒径谱仪

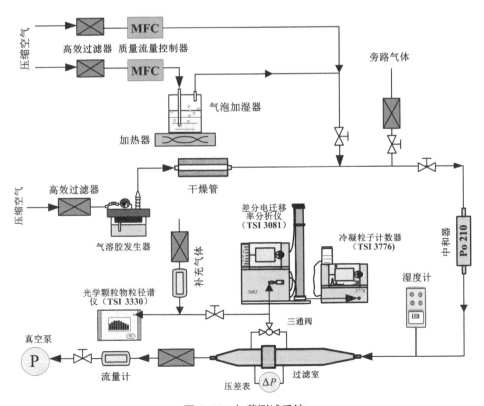

图 3-12　加载测试系统

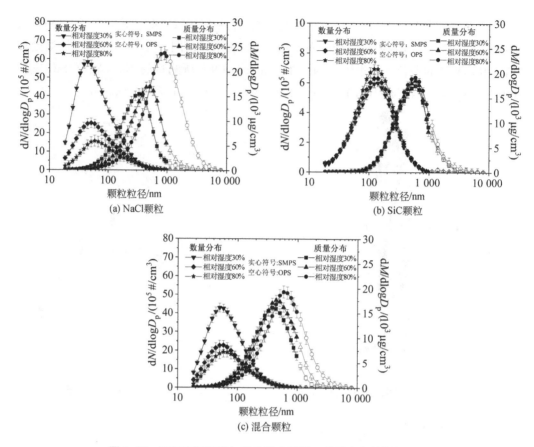

图 3-13　不同空气湿度加载实验中所用 3 种粉尘颗粒粒径分布

为了证明混合颗粒中含有 NaCl 和 SiC,用 1 μm 孔径聚碳酸酯滤膜收集混合颗粒,并用扫描电镜(SEM)进行分析,收集在滤膜上的混合颗粒的扫描电镜图如图 3-14 所示,混合颗粒成分采用能量散射 X 射线能谱分析仪(EDAX)进行测试,测试结果如图 3-15 所示。由图 3-15 可知,混合颗粒中含有碳、氧、钠、铝、硅、金、氯等元素,说明混合粒子含有 NaCl 和 SiC。

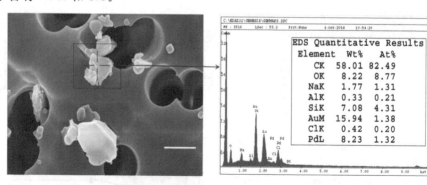

图 3-14　采用 1 μm 孔径聚碳酸酯滤膜
收集混合颗粒后的扫描电镜图

图 3-15　能量散射 X 射线能谱分析仪
测量混合颗粒成分

加载阶段设置滤料过滤风速为 10 cm/s,滤料压降通过压差表测量,当压降达到 249 Pa 时停止实验。采用 SMPS 测量滤料过滤前后颗粒物浓度并利用式(3-5)计算滤料过滤效率,采用电子秤(精度为 0.1 mg)称量加载前后滤料的质量。为确保实验精度,称重前将加载前后的滤料置于相对湿度 30% 的环境中 24 h,沉积在滤料上的颗粒物质量为加载后滤料的质量减去加载前滤料的质量。

3.3 空气湿度对滤料的影响

3.3.1 相对湿度对滤料初始效率的影响

通过对前人研究的总结,本节提出相对湿度影响滤料过滤性能的两个可能原因:一是水蒸气对带电纤维的静电效应有不利影响;二是水蒸气促进了滤料表面形成的颗粒枝晶的坍塌。许多研究表明相对湿度的升高会使纤维表面的颗粒沉积形态发生重组,即发生坍塌[14H42, 152, 165, 175],但他们的研究并没有指出水蒸气是否对带电纤维的静电效应有影响。因此,测量初始状态、浸水处理和去静电处理滤料♯1、♯2 和♯3 对去静电单分散 NaCl 颗粒的初始过滤效率,结果如图 3-16 所示。由图 3-16 可得,去静电的滤料♯1、♯2 和♯3 的初始过滤效率比初始状态滤料和浸水滤料的效率低得多(尤其是当颗粒粒径大于 20 nm 时),这是由在 IPA 饱和蒸汽作用下纤维所带电荷被消除所致。实验结果与 Tang 等[155]的结论相同,这表明纤维电荷在滤料的过滤中起着重要作用。此外,去静电处理后,3 种滤料的最大穿透颗粒粒径都增大为 200～300 nm,符合机械滤料的特征。

尽管滤料♯1、♯2 和♯3 被浸水处理,但浸水后滤料的初始效率几乎和初始滤料的初始效率相同。这证明,浸水处理并不能消除纤维所带电荷,对滤料过滤性能的影响很小。初始状态、浸水和去静电滤料♯1、♯2 和♯3 的压降如表 3-2 所示。由表 3-2 可知,初始状态、浸水和去静电滤料♯1、♯2 和♯3 的压降几乎保持不变。此外,Chang 等[159]的研究也曾指出,IPA 饱和蒸汽浸泡后的滤料结构没有损坏。

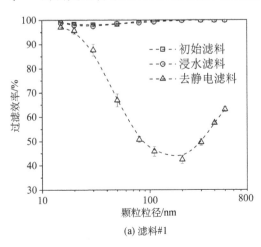

(a) 滤料#1

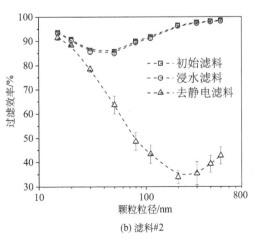

(b) 滤料#2

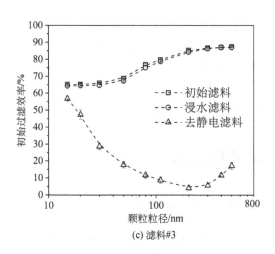

(c) 滤料#3

图 3-16　单分散 NaCl 颗粒对初始状态、浸水和去静电滤料♯1、♯2 和♯3 的初始过滤效率

表 3-2　初始状态、浸水和去静电滤料♯1、♯2 和♯3 的压降

滤料		压降/Pa
♯1	初始状态	89.6±1.2
	浸水处理	89.9±1.2
	去静电处理	88.6±1.4
♯2	初始状态	49.8±0.5
	浸水处理	50.0±0.7
	去静电处理	49.8±0.7
♯3	初始状态	9.0±0.3
	浸水处理	9.0±0.4
	去静电处理	8.9±0.4

　　为了进一步验证相对湿度对滤料性能的影响,分别在"干—湿—干"条件下(先在含尘气体相对湿度为 10％的条件下进行测试,之后相继将含尘气体相对湿度调节为 60％和 90％进行测试,再将含尘气体相对湿度调节为 10％进行测试)测量初始滤料♯1、♯2和♯3 的初始效率,测试结果如图 3-17 所示。由图 3-17 可知,相对湿度的改变几乎不会改变滤料的初始效率,这表明水蒸气对带电纤维的静电效应没有不利影响。

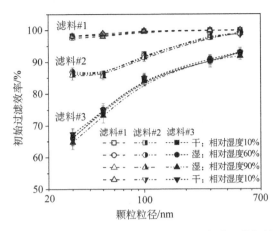

图 3-17　初始滤料♯1、♯2 和♯3 在"干-湿-干"条件下的初始过滤效率

3.3.2　滤料老化特性研究

带电纤维通过吸引带相反电荷的粒子、加速中性带电粒子向纤维表面移动来提高初始效率。然而,在真实环境中,滤料的过滤效率经过一段时间的过滤加载后会发生变化。随着加载时间的增加,过滤效率先出现降低,达到最小值后又开始增加[162,172]。为了探讨滤料在真实环境中的性能变化及其原因,将滤料♯3 作为过滤元件在真实环境中进行连续长时间的加载实验。滤料♯3-0 是从初始滤料中提取的清洁滤料,滤料♯3-1、♯3-2 和♯3-3 分别为从使用了 5、6 和 7 个月的过滤器中采集的滤料。在过滤风速为 10 cm/s、相对湿度为 30% 的条件下,测量初始状态和 IPA 饱和蒸汽浸泡的滤料♯3-0、♯3-1、♯3-2、♯3-3 对单分散 NaCl 颗粒的初始效率,测试结果如图 3-18 所示。

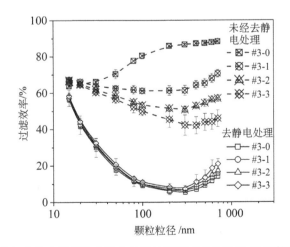

图 3-18　未经去静电处理和去静电处理的滤料对单分散 NaCl 颗粒的过滤效率

由图 3-18 可知,未经去静电处理的滤料♯3-1、♯3-2、♯3-3 在颗粒粒径大于～30 nm 时过滤效率显著低于未经去静电处理的初始滤料♯3-0 的过滤效率;对于颗粒粒径小于～30 nm 的颗粒,未经去静电处理的滤料♯3-0、♯3-1、♯3-2 和♯3-3 的过滤效率差异较小,这是因为粒径小于 30 nm 的颗粒的过滤主要由机械扩散机制决定,这些粒径小于 30 nm 的小颗粒具有较高的迁移率,很难被滤料极化捕集。然而,对于粒径大于～30 nm 的颗粒,其捕集效率因库仑效应而提高[162, 172]。一些研究[162, 172]指出,在实验室状态下,滤料的纤维电荷并没有被滤料上沉积的颗粒所消除,纤维上的电荷仍然存在,只是被沉积在滤料上的颗粒阻挡,使纤维所带电荷不能对气流中的其他颗粒继续起作用;但也有研究[171, 174]指出,滤料纤维所带电荷会因粉尘颗粒电荷中和、气流摩擦等而消失。正是由于上述静电衰减的原因,最大穿透粒径(MMPS)由滤料♯3-0 的～20 nm 增加为滤料♯3-1、♯3-2 和♯3-3 的～300 nm。

通过称重可得,滤料♯3-1、♯3-2 和♯3-3 的加载质量分别等于 3.55 g/m²、3.96 g/m² 和 4.76 g/m²,可以求得滤料♯3-1、♯3-2 和♯3-3 每个月平均加载质量分别为 0.71 g/m²、0.66 g/m² 和 0.68 g/m²。滤料♯3-1、♯3-2 和♯3-3 的压降分别从滤料♯3-0 的 7.47 Pa 变为 10.07 Pa、10.44 Pa 和 11.03 Pa。相应地,滤料♯3-1、♯3-2 和♯3-3 每个月的平均压降增量分别为 0.52 Pa、0.50 Pa 和 0.51 Pa。综上可得,滤料♯3-1、♯3-2 和♯3-3 每个月平均加载质量和平均压降增量并不相同,原因可能是:其一是滤料加载的时间段不同,在真实环境中颗粒物浓度随时间的变化而发生变化;其二是滤料的过滤效率随着时间的变化而发生变化。如图 3-18 所示,滤料♯3-1(使用 5 个月)的过滤效率依次高于滤料♯3-2(使用 6 个月)和滤料♯3-3(使用 7 个月),即在本实验中,使用过的滤料的过滤效率随着使用时间的增加而降低。然而,一些研究[16]-[162, 167, 172, 216]指出,滤料的过滤效率随着过滤时间的增加先降低后增加,过滤效率的降低是由于纤维电荷的有效性随着过滤时间的增加而降低,在随后的加载中滤料的过滤效率增加是由于沉积在滤料上的颗粒增加了滤料的碰撞和拦截作用,能够更好地捕获颗粒[162, 216]。在本实验中,可能是因为滤料捕获的颗粒还不足以弥补滤料纤维所带静电的损耗,因此过滤效率未出现增加现象。

IPA 饱和蒸汽能够在不破坏滤料表面沉积颗粒的情况下去除滤料纤维所带电荷,因此,实验中采用 IPA 饱和蒸汽去除滤料♯3-1、♯3-2 和♯3-3 纤维上的电荷[155, 159]。由图 3-18 可知,和未经 IPA 处理的滤料相比,采用 IPA 饱和蒸汽浸泡过的滤料♯3-1、♯3-2 和♯3-3 在过滤效率上有很大的降低,这表明在真实环境中使用过的滤料其纤维上的静电并没有被完全消除,即使使用时间超过 7 个月,纤维电荷的静电效应依然存在。滤料自身带有荷电性,在存储和使用过程中应该远离异丙醇等醇类,以防纤维上的静电被消除。

为了比较滤料在真实环境和实验室环境中过滤效率的异同,在过滤风速为 10 cm/s、相对湿度为 30%时,测试滤料加载到 0 g/m²、1.1 g/m²、2.1 g/m²、3.8 g/m²、6 g/m²、8 g/m²、9 g/m² 和 10 g/m² 时的过滤效率,测试结果如图 3-19 所示。由

图 3-19 可知,滤料的过滤效率并不都是随着滤料表面沉积颗粒质量的增加而增加。对于粒径小于 40 nm 的颗粒,滤料♯3 的过滤效率随着加载质量的增加而增加,未出现降低现象,过滤效率的增加是因机械扩散作用而捕集的颗粒增加,未出现降低主要因为相对于机械扩散作用,库仑作用对小颗粒的影响较小,即纤维所带静电的消耗对小颗粒的捕集效率的影响较小[159, 163]。但是,对于粒径大于 40 nm 的颗粒,当加载质量小于 3.8 g/m² 时,滤料♯3 的过滤效率降低;当加载质量大于 3.8 g/m² 时,滤料♯3 的过滤效率增加。过滤效率降低是由于纤维的静电效应因沉积颗粒的覆盖而减弱,过滤效率增加是由于沉积颗粒增加了滤料的机械扩散作用,且增加程度弥补了纤维静电效应的减弱程度[159, 163]。通过图 3-18 和图 3-19 对真实环境中加载滤料和实验室加载滤料进行综合对比可知,滤料♯3-1、♯3-2 和♯3-3 捕集的颗粒物质量分别为 3.55 g/m²、3.96 g/m² 和 4.76 g/m²,这与在实验室中滤料加载到 3.8 g/m² 和 6 g/m² 相似。然而,在相似的加载质量下,实验室中加载滤料的过滤效率明显高于真实环境中加载滤料的过滤效率。这可能是因为真实环境中加载滤料的时间大于 5 个月,显著长于实验室中加载时间(相对湿度为 30% 时加载时间小于 1 天),长时间暴露在真实环境中导致滤料老化,静电效应减弱;另外,真实环境中毛发、布屑等会被滤料收集,对实验结果造成影响。因此,在实验室中加载的滤料难以准确地预测真实环境中加载滤料的性能变化,但仍有一定的指导意义。

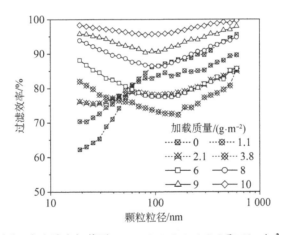

图 3-19 滤料♯3 在实验室加载到 0、1.1、2.1、3.8、6、8、9 和 10 g/m² 时的过滤效率

3.3.3 相对湿度对压降的影响

图 3-20 是相对湿度为 30%、60% 和 80% 时,对于 NaCl、SiC 和混合颗粒,滤料♯2 的压降随加载时间的变化。当滤料压降达到 249 Pa 时停止加载,在图 3-20 和图 3-21 中使用横坐标误差线是因为达到某一压降值时加载的颗粒质量有差异。

对于非吸湿性 SiC 颗粒,滤料♯2 在相对湿度为 30%、60% 和 80% 时的压降分别如

图 3-20(b)所示。通过对比图 3-20 可知,对于 SiC 颗粒,相对湿度对滤料♯2 的压降影响较小,但在高相对湿度下滤料的压降增加仍相对缓慢,这可以归因于颗粒与颗粒之间的黏附力增加,在沉积过程中颗粒更倾向于黏附在已沉积的颗粒上,而不是填充到颗粒层空隙中[165],前人的研究也发现类似的现象[169, 217]。此外,Feng 等[218]发现相对湿度的增加能够增加粉尘层的孔隙率,这是因为相对湿度的增加使得颗粒之间更容易形成液桥,造成毛细管力增加,这将限制沉积过程中颗粒的相对移动,进而增加孔隙率。

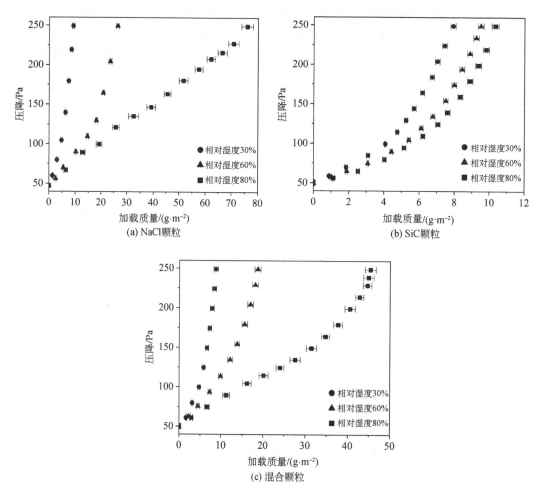

图 3-20　不同湿度和颗粒下滤料♯2 的压降随加载质量的变化

如图 3-20(a)所示,对于吸湿性 NaCl 颗粒,在相对湿度低于潮解点(如实验中相对湿度 30%和 60%)时滤料的压降变化具有相似的变化规律,其变化规律与 SiC 颗粒在相对湿度为 30%、60%和 80%时相似,但明显不同于湿度高于潮解点(如实验中相对湿度 80%)时滤料压降的变化。如图 3-20 所示,即使相对湿度为 30%,当滤料压降达到 249 Pa 时 3 种颗粒的加载质量仍有不同,主要原因是实验中所用 3 种类型颗粒中所含吸湿性颗粒的比例不同,使得在相对湿度为 30%时颗粒的沉积状态已经发生变化,此外,颗粒粒径大小和颗粒密度也存在差异。当在相对湿度低于潮解点时加载吸湿性 NaCl 颗粒,颗粒间孔隙中凝结的水蒸气会导致缩颈,从而降低枝晶结构的总表面积,随着相对湿度的增加,枝晶结构会随着颗粒的聚结而收缩造成空气通道增大,从而降低滤料压降[169]。如图 3-20(a) 和(b)所示,随着相对湿度的增加,加载吸湿性 NaCl 颗粒滤料的压降降幅比加载非吸湿 SiC 颗粒滤料的压降降幅大。主要原因可能是,在高相对湿度下,与非吸湿性 SiC 颗粒相比,吸湿性 NaCl 颗粒的黏附性更高,导致粉尘层孔隙率增加,压降降低[165]。

由 3-20(a)还可以发现,尤其是在相对湿度高于潮解点的情况下,加载吸湿性 NaCl 颗粒时滤料压降的增长非常缓慢。在相对湿度为 80%(高于潮解点)时,吸湿性 NaCl 颗粒的加载质量为 75.99 g/m²,分别是相对湿度为 60%(26.41 g/m²)和相对湿度为 30% (9.20 g/m²)时加载质量的 2.88 倍和 8.26 倍。根据前人研究[141, 219],在相对湿度高于潮解点时,吸湿性 NaCl 颗粒的过滤已经转化为液滴过滤,液滴过滤的变化规律为:在过滤初期液滴通过互相凝结使滤料压降缓慢增加,随着过滤的进行,越来越多的液滴沉积在滤料上,导致气体通道堵塞,最终造成滤料压降急剧增加。也就是说,在早期阶段,液滴在滤料空隙中填充,而压降的急剧增加是因为在滤料表面形成了液膜并积聚了更多的液滴[141, 165, 219]。但是,由图 3-20(a)可知,在相对湿度为 80%时滤料压降并没有出现急剧增加的现象,这是因为在滤料的表面还没有形成一层液膜,如果在此基础上继续加载可能会出现压降急剧增加的现象。

为了更好地模拟真实环境,对含有吸湿性 NaCl 和非吸湿性 SiC 的混合颗粒进行了相同的加载实验,实验结果如图 3-20(c)所示。当相对湿度为 30%和 60%(低于潮解点)时,加载混合颗粒的滤料压降变化规律与加载 NaCl 颗粒时相似;当相对湿度为 80% (大于潮解点)时,在初始阶段加载混合颗粒的滤料压降变化规律与加载 NaCl 颗粒时相似,但是,在加载后期,加载混合颗粒的滤料压降出现剧增现象,这可能是因为混合颗粒中的非吸湿性 SiC 颗粒加速了滤料间隙的堵塞,进而加速了滤料表面液膜的形成。相对湿度高于潮解点时,加载混合颗粒时滤料的压降变化与液体颗粒过滤相似[141, 165, 219],滤料压降的剧增是因为在滤料表面形成的一层液膜导致更多颗粒被捕集。

由图 3-20 可知,滤料压降在高相对湿度时增加缓慢,特别是当相对湿度高于颗粒潮解点时这种现象更显著。此外,相对湿度对加载吸湿性 NaCl 颗粒的压降影响要大于混合颗粒,对非吸湿性 SiC 颗粒的影响最小。对于混合颗粒,主要是因为其中的吸湿性 NaCl 颗粒起作用。Montgomery 等[217]研究发现,将加载的滤料暴露于 40%的相对湿度后,随着吸湿性颗粒所占比例的增加,压降的增速变慢,这也证明了颗粒中所含吸湿性颗粒的比例会影响滤料在潮湿环境中的压降变化。

3.3.4 相对湿度对过滤效率的影响

图 3-21 是相对湿度为 30%、60%和 80%时,对于 NaCl 颗粒、SiC 颗粒和混合颗粒,滤料♯2 的过滤效率随加载时间的变化。因为滤料♯1 的过滤效率太高难以检测到效

率变化,滤料♯3的过滤效率太低需要加载的时间太长,因此本节没有对滤料♯1和♯3进行加载实验。对于非吸湿性SiC颗粒,滤料♯2在相对湿度为30%、60%和80%时的过滤效率如图3-21(b)所示。在不同相对湿度(相对湿度30%、60%和80%)下,随着颗粒加载质量的增加,滤料♯2的过滤效率先略有降低之后增加,其效率降低是因为纤维所带电荷被沉积的颗粒覆盖而对后续颗粒的静电作用减弱[172, 216, 220]。在不同空气湿度作用下,加载非吸湿性SiC颗粒时滤料的过滤效率几乎不发生变化。

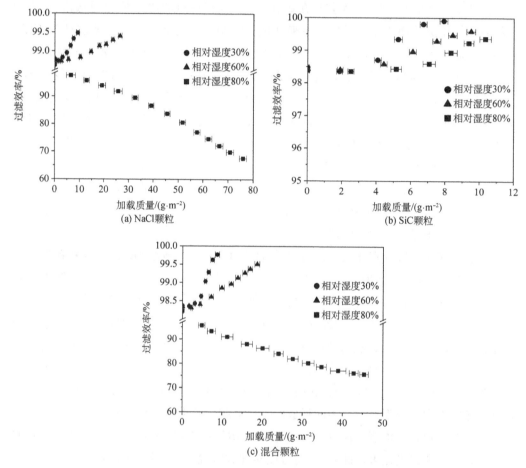

图3-21 不同湿度和颗粒下滤料♯2的过滤效率随加载质量的变化

滤料♯2在相对湿度为30%、60%和80%时的过滤效率随吸湿性NaCl颗粒加载质量的变化如图3-21(a)所示。在相对湿度为30%和60%(低于潮解点)时,加载NaCl颗粒的滤料过滤效率变化规律相同,都类似于加载SiC颗粒时滤料的过滤效率变化:过滤效率随着加载质量的增加先降低后持续增加,测试结果与前人研究[169, 171, 221]相同。滤料的过滤效率在高相对湿度条件下要低于低相对湿度环境下,这是因为相对湿度低于潮解点(相对湿度为30%和60%)时,在高相对湿度条件下颗粒更容易凝结,造成沉积颗粒枝晶结构收缩、空气通道变大。然而,当相对湿度高于潮解点(相对湿度80%)时,加载 NaCl 颗粒的滤料过滤效率由 98.64% 降为 67.52%,这与相对湿度低于潮解点时的过滤效率变化明显不同,相对湿度高于潮解点的过滤和液体颗粒过滤[165,178,219]类似,过滤效率随着加载质量的增加而降低。

如图 3-21(c)所示,在相对湿度低于潮解点时,在高相对湿度条件下加载混合颗粒滤料的过滤效率低于低相对湿度条件下滤料的过滤效率,与前人实验结果[169,171]相一致。在相对湿度 80% 的情况下,当压降达到 249 Pa 时,加载混合颗粒的滤料过滤效率由 98.23% 降为 75.74%,这与相对湿度低于潮解点时的过滤效率变化有很大差异。在相对湿度 80% 的情况下,与加载 NaCl 颗粒的滤料过滤效率相比,在加载混合颗粒的后期滤料的过滤效率趋于稳定。这可能是因为混合颗粒中 SiC 颗粒沉积在滤料上,导致滤料纤维之间的孔隙被填充变小。

当压降加载到 249 Pa 时,不同相对湿度条件下滤料♯2 的分级效率如图 3-22 所示。由图 3-22 可知,在相对湿度 80% 时,对于加载 NaCl 颗粒和混合颗粒的滤料♯2 分级效率降低非常明显,远低于相对湿度 30% 和 60% 时滤料♯2 的分级效率。但加载 SiC

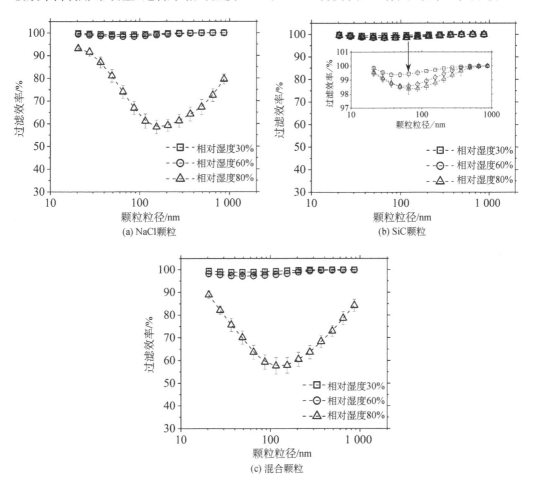

图 3-22 压降为 249 Pa 时滤料♯2 在不同相对湿度下的分级效率

颗粒的滤料♯2分级效率随相对湿度的变化很小。因此,在加载含吸湿性成分的颗粒时,相对湿度应维持在颗粒的潮解点以下,否则,滤料的过滤效率会大幅降低。

3.3.5 相对湿度对品质因子的影响

由图 3-21 可知,滤料♯2 的过滤效率随着相对湿度的降低而增加,但是,不能简单地认为相对湿度 30％是最优的加载湿度,这是因为滤料的性能不仅受过滤效率的影响,还受到压降的影响[152, 163, 222]。因此,从过滤效率和压降两个方面综合考虑滤料在不同相对湿度条件下的总性能是必要的。本节引入品质因子的概念[159, 220]对滤料综合性能进行评价:

$$FOM = -\ln(1-E)/\Delta P_{\mathrm{T}} \tag{3-6}$$

式中:FOM——品质因子(Figure of Merit),Pa^{-1};

E——加载过程中滤料的过滤效率;

ΔP_{T}——总过滤阻力,Pa。

通常,性能优异的滤料具有过滤效率高和压降小的特点。由式(3-6)可知,品质因子越大,滤料的性能越优。

图 3-23 为在不同相对湿度下加载 3 种颗粒时滤料♯2 的品质因子随加载质量的变化。由图 3-21 和 3-22 可知,在考虑滤料压降时,滤料的品质因子与滤料过滤效率的性能优劣排列顺序不相同。由图 3-23(a)可知,当加载 NaCl 颗粒时,滤料的品质因子在相对湿度为 60％时大于其在相对湿度为 30％和 80％时的品质因子。这表明滤料在低于颗粒潮解点时湿度越高(相对湿度 60％)综合性能越优,如图 3-23(c)所示,当加载混合颗粒时,滤料♯2 有相同的变化趋势。因此,为了保持滤料的优异性能,在加载含有吸湿性成分的颗粒时相对湿度不能超过潮解点。由图 3-23(b)可知,对于非吸湿性颗粒,滤料的品质因子随着相对湿度的增加略有增加,滤料在加载非吸湿性颗粒时,相对湿度越高,其综合性能越好。

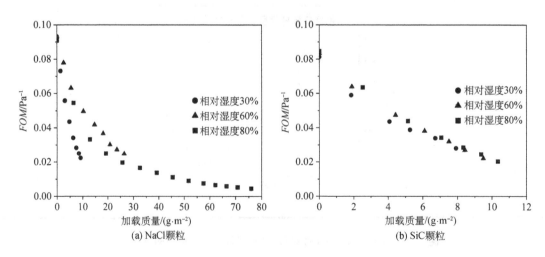

(a) NaCl颗粒　　　　　　　　(b) SiC颗粒

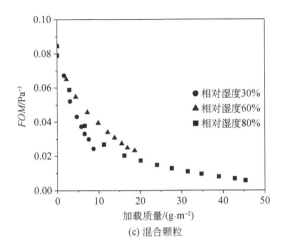

(c) 混合颗粒

图 3-23　不同相对湿度下滤料♯2 加载 NaCl,SiC 和混合颗粒时的品质因子

3.4　本章小结

本章主要对滤料过滤性能的空气湿度影响机理进行了研究。首先,分析了滤料表面粉尘层沉积颗粒受力及球形颗粒液桥成因,阐明了不同空气湿度下滤料表面粉尘颗粒重组原理。其次,搭建了亚微米颗粒过滤加载实验系统,揭示了空气湿度和粉尘颗粒吸湿性对滤料过滤性能的影响规律,主要包括:对比了初始状态、浸水和去静电滤料的初始分级效率与压降;研究了空气湿度变化对滤料初始分级效率的影响;揭示了滤料真实环境老化特性及实验室内加载特性;研究了空气湿度和颗粒吸湿性对滤料加载过程中的压降、过滤效率的影响规律。最后,利用品质因子对不同空气湿度下的滤料加载综合性能进行了评判。本章主要结论如下:

(1) 将滤料♯2 浸水和去静电处理后进行测试,得到去静电滤料的初始过滤效率远低于初始状态滤料和浸水滤料,但浸水滤料的初始过滤效率和初始状态滤料相似。相对湿度的改变几乎不影响 3 种滤料的初始过滤效率。实验结果也表明在真实环境中使用过的滤料♯3,即使使用时间超过 7 个月其纤维电荷仍未被完全消除。在加载相同质量时,实验室中加载的滤料♯3 的过滤效率高于真实环境中滤料♯3 的过滤效率。

(2) 加载吸湿性 NaCl、非吸湿性 SiC 和混合颗粒时滤料♯2 的压降在高相对湿度条件下增长缓慢,特别是当相对湿度大于潮解点时,吸湿性 NaCl 颗粒和混合颗粒的压降增加更缓慢。相对湿度对加载 NaCl 颗粒时滤料压降的影响大于加载混合颗粒时滤料的压降,对加载 SiC 颗粒时滤料压降的影响最小。在相对湿度低于潮解点时加载 NaCl 颗粒和混合颗粒的滤料♯2 以及所有相对湿度下加载 SiC 颗粒的滤料♯2,其过滤效率都随着颗粒加载质量的增加先略有降低之后增加。然而,在相对湿度高于潮解点时加载 NaCl 颗粒和混合颗粒的滤料♯2,其过滤效率都随着颗粒加载质量的增加而降低。因此,在真实环境中加载含吸湿性成分的颗粒时,相对湿度不应高于颗粒的潮解点,否则滤料的过滤效率会大幅下降。

（3）当加载吸湿性 NaCl 颗粒和混合颗粒时,相对湿度 60%时滤料♯2 的品质因子大于相对湿度 30%和 80%时的品质因子。为了保证滤料的性能,在过滤含吸湿性成分的颗粒时,相对湿度不应超过颗粒的潮解点。当加载非吸湿性 SiC 颗粒时,滤料♯2 的品质因子随相对湿度的增加略有增加,即加载非吸湿性颗粒时,相对湿度越高,滤料综合性能越好。

4　滤料过滤加载特性的褶结构影响

褶式滤筒除尘器因其除尘效率高、阻力低、占地面积小等优点被广泛应用于粉尘治理领域。在相同过滤面积条件下，滤筒更节约空间，因此滤筒更适用于受限空间的粉尘治理。前人对褶结构的研究多局限于数值模拟和滤筒除尘器整体上的性能，关于不同褶结构滤料的过滤加载特性研究尚不足，褶结构与有效过滤面积之间的关系也不明确。因此，本章通过设计 6 种不同褶结构测试腔对普通滤料和覆膜滤料的性能变化、附着的粉尘层参数、有效过滤面积、黏附力和清灰效率进行研究，有利于指导滤筒除尘器的工业设计。

4.1　过滤阻力理论

4.1.1　过滤性能

过滤是含尘气体净化过程中很重要的操作，滤料两侧压差和出口粉尘浓度是评价滤料性能的主要参数，两者决定了清灰频率和除尘效率[223]。此外，清灰前的最大允许压差有助于估算除尘器所需要的清灰压力。在含尘气体的过滤过程中，颗粒物被捕获并沉积在滤料表面，部分粉尘颗粒进入滤料内部。如图 4-1 所示，随着过滤的进行，在滤料外表面会形成粉尘层，粉尘层本身也能捕获颗粒物，架桥现象的发生使得粉尘层的过滤效率高于滤料自身的过滤效率。

因此，总过滤阻力可以分成两部分：滤料过滤阻力和粉尘层过滤阻力[209, 224-227]，总过滤阻力可根据式（4-1）进行计算：

$$\Delta P_T = \Delta P_F + \Delta P_C = k_1 v_f + k_2 v_f W = k_1 v_f + k_2 v_f M/S \tag{4-1}$$

式中：ΔP_T——总过滤阻力，Pa；

$\quad\Delta P_F$——滤料过滤阻力，Pa；

$\quad\Delta P_C$——粉尘层过滤阻力，Pa；

$\quad k_1$——滤料阻力系数，Pa·s/m；

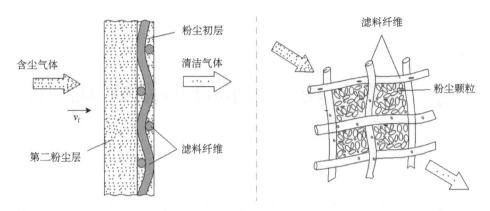

图 4-1　滤料上粉尘沉积状态示意图

k_2——粉尘层比阻系数，1/s；

v_f——过滤风速，m/s；

W——单位面积沉积的粉尘质量，kg/m²；

M——滤料上沉积粉尘的增加质量，kg；

S——滤料过滤面积，m²。

粉尘层阻力系数如式（4-2）所示，它表示单位过滤风速下粉尘层过滤阻力[209, 225-227]，与单位面积沉积的粉尘质量线性相关。

$$s = \Delta P_C / v_f = k_2 W = k_2 M / S \tag{4-2}$$

式中：s——粉尘层阻力系数，Pa·s/m。

大量研究[209, 227-229]表明粉尘层孔隙率对除尘器运行有很大影响，但是他们的研究集中在平整的滤料，并没有考虑滤料褶结构变化的影响。粉尘层的孔隙率与其压缩性直接相关，而压缩性又决定了粉尘层的压实度，从而影响了粉尘层的压差。粉尘层比阻系数和粉尘层孔隙率之间的关系如式（4-3）所示：

$$k_2 = 18 K_{K-C} (1 - \varepsilon_k) \varepsilon_k^{-3} (\rho_p \varphi_s^2 d_s)^{-1} \mu \tag{4-3}$$

式中：ε_k——粉尘层孔隙率；

K_{K-C}——经验常数，等于 4.8（球形颗粒）或 5.0（不规则颗粒）；

ρ_p——粉尘真实密度，g/cm³；

d_s——Sauter 平均直径，μm；

φ_s——颗粒球形度；

μ——流动黏度，Pa·s。

根据实验测试的压差数据和式（4-1）、式（4-2）可以计算粉尘层比阻系数。一旦确定了粉尘层比阻系数，即可根据式（4-3）计算粉尘层孔隙率。

众所周知,过滤风速是影响粉尘层孔隙率的一个主要因素。在高过滤风速条件下,除尘器内部负压增加使得颗粒之间的孔隙变得更致密,粉尘层孔隙率随过滤风速的增加而减小。粉尘层孔隙率和过滤风速之间的关系可由式(4-4)表示[227, 230]:

$$1 - \varepsilon_k = bv_f^{\dot{m}} \tag{4-4}$$

式中:b、$\dot{m}$ ——常数;

$\dot{m}$ ——受过滤风速影响的粉尘层压缩系数,$\dot{m} > 0$。

滤料的透气性可用式(4-5)表示,它表示含尘气体穿过滤料的难易程度,受滤料物理特性(如褶结构和过滤风速)的影响[231]。

$$K = \mu v_f L / \Delta P_F \tag{4-5}$$

式中:K——滤料的透气性,m^2;

L ——滤料厚度,m。

4.1.2 黏附力

随着过滤的进行,滤料表面沉积的粉尘颗粒会引起滤料两侧压差增加,因此,为了降低压差要定期进行清灰操作。粉尘层与滤料之间、粉尘与粉尘之间的黏附力是影响清灰效果的主要因素,一般情况下,当表面张力超过粉尘层颗粒之间的黏合强度或者滤料表面与残余粉尘层之间的黏合强度时,粉尘层会破裂。大量学者研究了颗粒物和颗粒物之间或者颗粒物和滤料之间的黏附力[209, 232-234]。Seville 等[235]提出利用与过滤方向相反的气流冲击滤料来估算粉尘层和滤料之间黏附力的方法,此方法被广泛应用于计算单位面积的黏附力。当清洁的反向过滤风速低于临界去除风速时,粉尘层的形态特性与过滤阶段相似。当达到临界去除风速时,滤料表面的粉尘层会发生破裂。反向过滤时滤料和粉尘层的过滤阻力可由式(4-6)表示[209, 228, 232, 234]:

$$\Delta P_{Tc} = k_1 v_c + \Delta P_{Cc} \tag{4-6}$$

式中:ΔP_{Tc} ——反向清灰总过滤阻力,Pa;

v_c ——反吹风速,m/s;

ΔP_{Cc} ——反向清灰粉尘层过滤阻力,表示单位面积粉尘层和滤料之间的黏附力,Pa。

4.1.3 清灰效率

随着过滤的进行,滤料表面附着的粉尘逐渐增加,过滤阻力变大。为实现高效过滤,此时要进行清灰操作以实现滤料再生。滤料清灰效率可由式(4-7)求解[236]:

$$Re=(P_h-P_r)/(P_h-P_F) \tag{4-7}$$

式中：Re——滤料清灰效率；

P_r——清灰后滤料残留压降，Pa；

P_h——清灰前滤料最大压降，Pa；

P_F——滤料的初始压降，Pa。

4.2 实验系统与方法

4.2.1 实验系统

为了测试褶结构对滤料过滤加载特性的影响，搭建实验测试平台，褶结构过滤加载特性实验系统示意图如图4-2所示，其实物图如图4-3所示。实验装置主要包括：AZ8205型数字压差表（中国台湾衡欣AZ仪器有限公司），LSC型给粉机（给粉范围为0~1 000 mg/s，给粉精度为5%），LZB-10型和LZB-25型流量计（流量范围分别为0.1~1 m³/h和1~10 m³/h，选用2种类型的流量计是为了保证测试精度和测量范围），2XZ-4A型真空泵（流速14.4 m³/h），容量150 L的高压气包，5×1 500-230（660/7B）型空气压缩机，I-2000型电子秤，内径为12 mm的橡胶管，6种类型测试腔和2种类型的滤料。实验系统中选用真空泵抽风、气包压风的抽压方式，与风机抽压风相比能够提供更加稳定的气流，保证实验精度。

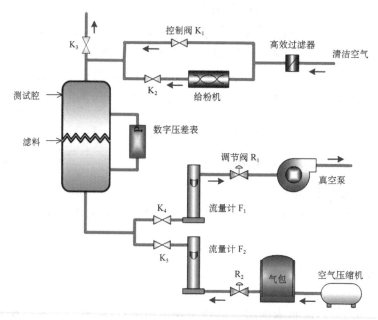

图4-2 褶结构过滤加载特性实验系统示意图

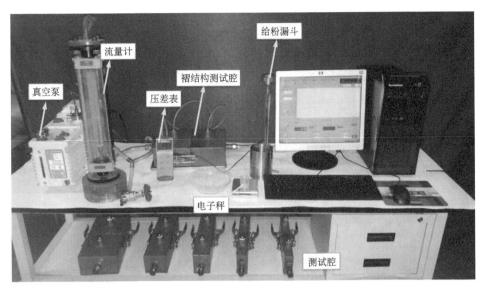

图 4-3 褶结构过滤加载特性实验系统实物图

实验中采用的 6 种类型测试腔呈中心对称,其结构示意图如图 4-4 所示,测试腔实物图如图 4-5 所示。褶系数 α 代表褶高与褶间距的比值。测试滤料夹在测试腔中间并正对气流方向,所有滤料展开尺寸都为 220 mm×85 mm(长×宽),过滤面积为 187 cm²,6 种类型测试腔所夹滤料参数如表 4-1 所示。通过调节阀可调节测试腔内过滤风速和反吹风速大小。

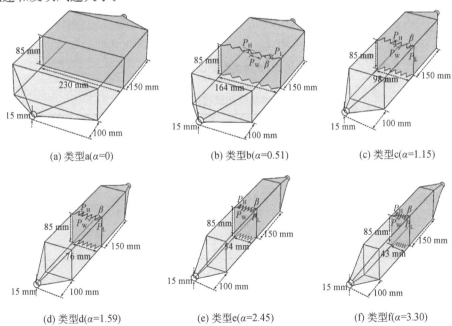

(a) 类型a(α=0) (b) 类型b(α=0.51) (c) 类型c(α=1.15)

(d) 类型d(α=1.59) (e) 类型e(α=2.45) (f) 类型f(α=3.30)

图 4-4 6 种类型测试腔结构示意图

注:β 表示褶夹角,单位为°;P_L 表示褶长度,单位为 mm;P_W 表示褶间距,单位为 mm;P_H 表示褶高,单位为 mm。

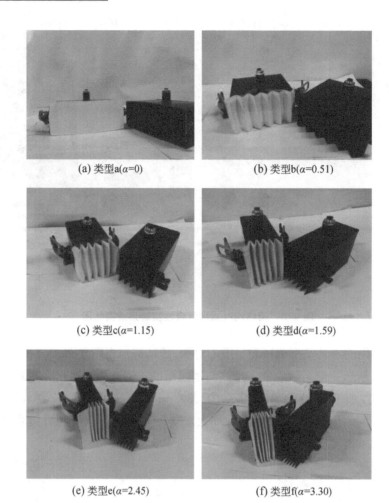

(a) 类型a(α=0)

(b) 类型b(α=0.51)

(c) 类型c(α=1.15)

(d) 类型d(α=1.59)

(e) 类型e(α=2.45)

(f) 类型f(α=3.30)

图 4-5　6 种类型测试腔实物图

表 4-1　6 种类型测试腔所夹滤料参数

参数	类型 a	类型 b	类型 c	类型 d	类型 e	类型 f
褶长度 P_L/mm	—	20	20	20	20	20
褶间距 P_W/mm	—	28	16	12	8	6
褶高 P_H/mm	0	14.28	18.33	19.08	19.60	19.90
褶系数 α	0	0.51	1.15	1.59	2.45	3.30
褶夹角 β/°	—	88.85	47.16	34.92	23.07	17.25

4.2.2　实验滤料

实验中采用两种滤料：普通滤料和覆膜滤料，普通滤料是聚酯纤维材质，覆膜滤料是在聚酯纤维表面附着一层聚四氟乙烯薄膜。利用 Q250 型扫描电子显微镜（图 4-6）

观测滤料微观形态,图 4-7 是普通滤料放大 1 000 倍和覆膜滤料放大 2 000 倍的扫描电镜图。由图 4-7 可以观察到,普通滤料是由直径小于 15 μm 的纤维无规律交缠在一起的多层结构,覆膜滤料表面由直径小于 1 μm 的网状薄膜覆盖。两种滤料的性能参数如表 4-2 所示。

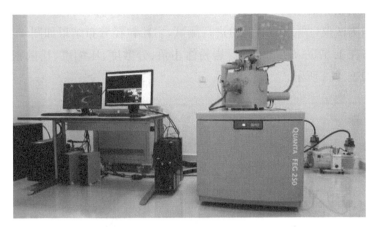

图 4-6　Q250 型扫描电子显微镜

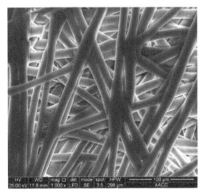

（a）普通滤料　　　　　　　　　　（b）覆膜滤料

图 4-7　滤料表面扫描电镜图

表 4-2　普通滤料和覆膜滤料的性能参数对比

参数	普通滤料	覆膜滤料
表面处理*	热黏合	微孔覆膜
面质量*/(g·m⁻²)	240	255
厚度*/mm	0.5	0.6
纤维直径*/μm	15	0.2

注:*表示由制造商提供。

4.2.3 实验用岩粉

实验中所用岩粉来自淮南丁集煤矿东三 13-1 轨道大巷掘进面。将岩粉进行筛分处理,得到 300 目(粒径约 48 μm)以下的岩石粉尘。之后将岩粉置于 103 ℃的干燥箱内干燥 3 h,去除岩粉中的水分。分别用 S3500 型激光粒径测试仪(图 4-8)和 BT-1000 型粉体综合性能测试仪(图 4-9)对岩粉进行测试,岩粉粒径分布结果如图 4-10 所示,岩粉粒径主要分布在 1.375~52.23 μm。岩粉休止角、分散度、压缩度、松散密度、振实密度等测试参数如表 4-3 所示。

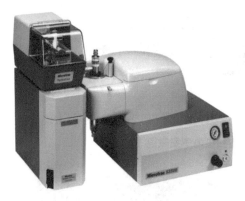

图 4-8　S3500 型激光粒径测试仪　　图 4-9　BYL-1000 型粉体综合性能测试仪

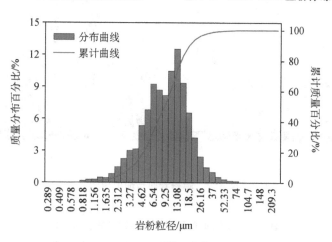

图 4-10　岩粉粒径分布图

表 4-3　岩粉参数

参数	数值
松散密度/(g·cm⁻³)	0.55
振实密度/(g·cm⁻³)	1.25

（续表）

参数	数值
压缩度	0.56
分散度/%	12.20
休止角/°	49

4.2.4 实验步骤

在不添加岩粉的清洁滤料过滤阶段,首先开启控制开关 K_1 和 K_4,关闭控制开关 K_2、K_3 和 K_5,开启真空泵,随后通过调节阀 R_1 调节滤料过滤风速为 1.04 cm/s、2.08 cm/s、3.12 cm/s、3.71 cm/s、4.16 cm/s、5.35 cm/s、6.54 cm/s、7.72 cm/s、8.91 cm/s 和 10.10 cm/s,在不同褶结构条件下测定未加岩粉时滤料过滤阻力随过滤风速的变化。

在添加粉尘的加载阶段,选择过滤风速为 4.16 cm/s、5.64 cm/s、7.13 cm/s 和 8.62 cm/s 的情况进行实验,开启控制开关 K_2 和 K_4,关闭控制开关 K_1、K_3 和 K_5,开启真空泵,通过调节阀 R_1 调节过滤风速到固定值,定量向测试腔内添加岩粉,每次添加 (0.2 ± 0.005) g,共添加 16 次。岩粉在真空泵负压作用下随风流进入测试腔并吸附在测试滤料表面,待数值稳定后记录测试滤料两侧压差,测定岩粉对过滤总阻力的影响。之后用式(4-1)和式(4-2)求解粉尘层阻力系数 S 和单位面积沉积的粉尘质量 W 之间的关系,进一步研究褶结构对粉尘层相关参数的影响。

在过滤风速为 7.13 cm/s 的加载过滤阶段结束后,研究褶结构对测试滤料和粉尘层之间黏附力的影响。关闭控制开关 K_1、K_2 和 K_4,开启控制开关 K_3 和 K_5,开启真空泵,打开气包开关,通过调节阀 R_2 改变反吹清灰风速为 1.48 cm/s、2.82 cm/s、4.16 cm/s、5.35 cm/s、6.54 cm/s、7.72 cm/s、8.91 cm/s、10.10 cm/s、11.29 cm/s、12.48 cm/s 和 13.67 cm/s,在相应反吹风速下记录滤料两侧压差。

在滤料清灰效率阶段,使过滤风速保持在 7.13 cm/s,粉尘添加速率保持在 0.02 g/s,开启压差计记录仪,当滤料两侧压差达到 2 000 Pa 后进行反吹清灰处理,设定反吹风速为 12 cm/s,反吹时间为 200 s,反吹过程中暂停压差记录,重复上述步骤进行多次清灰操作。

4.3 褶结构对滤料的影响

4.3.1 褶结构对过滤阻力的影响

不同褶系数滤料的过滤阻力在过滤风速为 0～10.10 cm/s 时的变化如图 4-11 所示,滤料过滤阻力随着过滤风速的增加而逐渐增加,整体呈线性关系。此外,随着过滤风速的增加,褶系数对滤料过滤阻力的影响更加明显。图 4-11 中直线斜率表示滤料阻力系数。从

图 4-11(a)可以得到,褶系数为 0、0.51、1.15、1.59、2.45 和 3.30 时,普通滤料所对应的滤料阻力系数分别为 18.50 Pa·s/cm、21.09 Pa·s/cm、22.00 Pa·s/cm、22.31 Pa·s/cm、22.95 Pa·s/cm 和 24.07 Pa·s/cm,滤料阻力系数随褶系数的增加而增加;从图 4-11(b)可以得到,褶系数为 0、0.51、1.15、1.59、2.45 和 3.30 时,覆膜滤料所对应的滤料阻力系数分别为 78.62 Pa·s/cm、91.35 Pa·s/cm、97.37 Pa·s/cm、95.83 Pa·s/cm、98.28 Pa·s/cm 和 101.32 Pa·s/cm,滤料阻力系数随褶系数的增加先增加,在褶系数为 1.59 时出现降低,随后继续增加。滤料阻力系数随褶系数的增长率如表 4-4 所示,由表 4-4 可知,普通滤料和覆膜滤料阻力系数的增长率都随褶系数的增加先降低后增加,即褶系数在 1.15~1.59 范围内滤料阻力系数增长率最低,因此要保持良好的过滤效果,褶系数要小于 1.59。Chen 等[237-238]研究了滤料的褶结构对过滤阻力的影响,并建立了一个半经验模型来优化褶结构,得到的最优压降点和本书中得到的结论有区别,这是因为滤料展开面积不相同,其缺乏对比性。本书中不同褶系数的普通滤料和覆膜滤料的滤料阻力系数变化规律不同,这是由于褶内部的流动状态、摩擦损失和滤料自身阻力不同[239]。

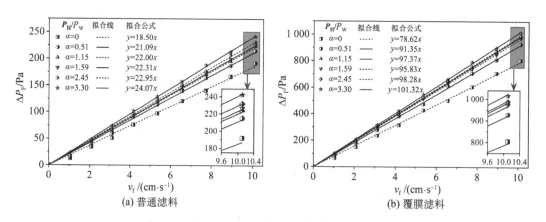

图 4-11　不同褶系数滤料的过滤阻力随过滤风速的变化

表 4-4　滤料阻力系数随褶系数的增长率

	褶系数增加值	0.51	0.64	0.44	0.86	0.85
普通滤料	滤料阻力系数增加值	2.59	0.91	0.31	0.64	1.12
	滤料阻力系数增长率/%	5.08	1.42	0.70	0.74	1.32
覆膜滤料	滤料阻力系数增加值	12.73	6.02	−1.54	2.45	2.74
	滤料阻力系数增长率/%	24.96	9.41	−3.50	2.85	3.22

图 4-12 是不同褶系数滤料在过滤风速为 7.13 cm/s 时滤料总过滤阻力随单位面积沉积的粉尘质量的变化。由图 4-12(a)可知,在添加粉尘的整个过程中,普通滤料总过滤阻力随褶系数的增加逐渐增加;在不同褶系数条件下,滤料总过滤阻力上升趋势相

同,都分为三个阶段:加速上升阶段(第一阶段)、减速上升阶段(第二阶段)和匀速上升阶段(第三阶段)。第一阶段是深层过滤,此阶段微细岩石粉尘颗粒填充到滤料内部,粗颗粒粉尘截留在滤料表面;第二阶段是深层过滤和滤料表面粉尘层形成的过滤阶段,一部分微细颗粒粉尘仍然进入滤料内部,另一部分微细颗粒粉尘和粗颗粒粉尘被过滤在滤料表面并逐渐堆积形成粉尘层;第三阶段是粉尘层过滤阶段,大部分微细颗粒粉尘和粗颗粒粉尘被过滤在滤料表面,此阶段总过滤阻力大致呈直线上升。由图 4-12(b)可知,滤料上单位面积沉积的粉尘质量小于 0.02 kg/m² 时,覆膜滤料总过滤阻力随褶系数的增加先增加,在褶系数为 1.15～1.59 时出现下降,之后又继续增加;滤料上单位面积沉积的粉尘质量大于 0.02 kg/m² 时,随着褶系数的增加,滤料过滤总阻力逐渐增加。同一褶系数条件下覆膜滤料总过滤阻力随粉尘添加量的增加呈线性增加趋势,这与普通滤料变化趋势不同。开始阶段,覆膜滤料总过滤阻力大于普通滤料,随着过滤的进行,普通滤料总过滤阻力增加幅度大于覆膜滤料。这主要是因为覆膜滤料表面有一层

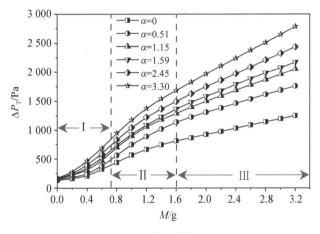

(a) 普通滤料

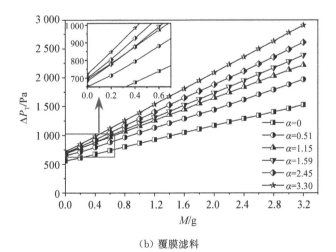

(b) 覆膜滤料

图 4-12　不同褶系数滤料总过滤阻力随岩尘添加量的变化

聚四氟乙烯微孔薄膜,这层微孔薄膜能够阻止岩粉进入滤料内部。相对于无褶的平整状态,两种滤料的褶结构明显增加了滤料的总过滤阻力,褶系数由 1.15 增加到 1.59 时总过滤阻力增长率最小,褶系数超过 1.59 时总过滤阻力增长率变大,要保持良好的过滤效果,褶系数应小于 1.59。

4.3.2 褶结构对粉尘层参数的影响

在不同褶系数和过滤风速条件下,随着粉尘添加量的增加,普通滤料和覆膜滤料的粉尘层阻力系数分别如图 4-13 和图 4-14 所示,粉尘层阻力系数变化规律与滤料总过滤阻力变化规律相似。

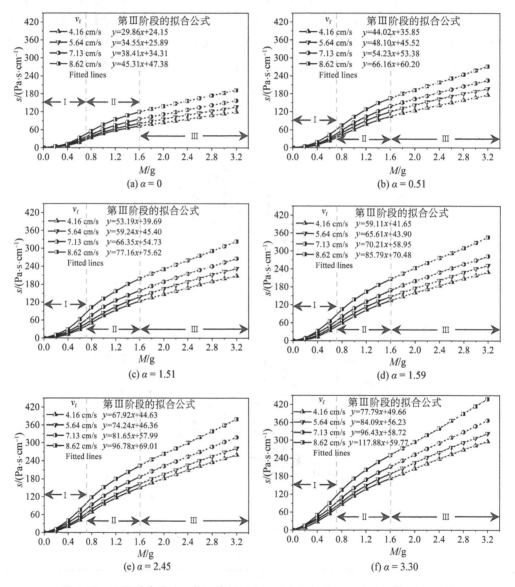

图 4-13　不同过滤风速下普通滤料粉尘层阻力系数 S 随粉尘添加量 M 的变化

由图 4-13 可知,普通滤料粉尘层阻力系数上升分为三个阶段,Li 等[209]通过实验也得到类似规律并指出,在普通滤料过滤的第一阶段,大部分微细颗粒粉尘和部分粗颗粒粉尘进入滤料内部而不是被捕集在滤料表面,第二阶段仍有部分微细颗粒粉尘进入滤料内部,因此,这两个阶段粉尘层作用相对复杂,粉尘层比阻系数是不断变化的。在普通滤料过滤的第三阶段,几乎所有的粉尘都沉积在滤料的表面,形成了稳定的过滤作用,根据式(4-2),将第三阶段进行拟合,得到粉尘层比阻系数与滤料过滤面积的比值 k_2/S。由图 4-14 可知,覆膜滤料粉尘层阻力系数随粉尘添加量呈线性上升,对过滤的整个阶段进行拟合,得到过滤阶段粉尘层比阻系数与滤料过滤面积的比值 k_2/S。

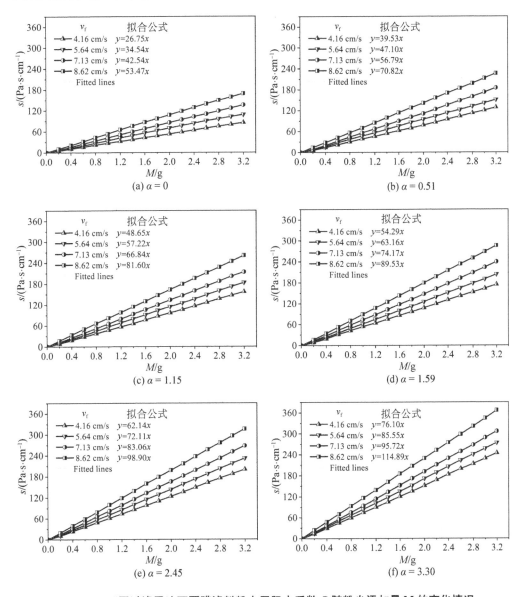

图 4-14　不同过滤风速下覆膜滤料粉尘层阻力系数 S 随粉尘添加量 M 的变化情况

在褶系数和岩粉性质相同时,由式(4-4)可知随着过滤风速 v_f 的增加,粉尘层孔隙率 ε_k 降低,进而由式(4-3)可知粉尘层比阻系数 k_2 增加。在过滤风速和岩粉性质相同的条件下,由式(4-4)可知不同褶系数滤料粉尘层孔隙率 ε_k 相等,进一步由式(4-3)可得粉尘层比阻系数 k_2 相等。但由本书图 4-13 和图 4-14 的实验结果可知,在过滤风速和岩粉性质相同的条件下,褶系数不同时,k_2/S 不同。因此可以认为褶结构改变了滤料的有效过滤面积,即不同褶系数的滤料主要通过改变滤料的有效过滤面积来影响过滤阻力。单位面积粉尘层比阻系数定义如下:

$$k_{ia} = k_2/S \tag{4-8}$$

式中:k_{ia}——单位面积粉尘层比阻系数;

i——$i=c_1$ 代表普通滤料,$i=c_2$ 代表覆膜滤料;

α——褶系数,取值为 0、0.51、1.15、1.59、2.45 和 3.30。

k_{ia} 即为图 4-13 和图 4-14 中线段斜率,其值标注在图 4-13 和图 4-14 中。当滤料的褶系数为 0(平整滤料)时,其有效过滤面积定义如下:

$$k_2 = k_{ia} \cdot S_e \tag{4-9}$$

$$S_e = k_2/k_{ia} \tag{4-10}$$

式中:S_e——滤料有效过滤面积,cm^2。$S_e = 187\ cm^2$,则可由式(4-9)求得 k_2 的值。当滤料的褶系数不为 0 时,由式(4-10)可求得不同褶系数滤料对应的有效过滤面积。

通过上述计算,普通滤料和覆膜滤料在褶系数为 0～3.30,过滤风速为 4.16～8.62 cm/s 时的有效过滤面积如图 4-15 所示。在相同褶系数条件下,不同的过滤风速对普通滤料有效过滤面积的影响没有明显的变化规律,而覆膜滤料有效过滤面积随过滤风速的增加逐渐增加。这可能是由于部分粉尘颗粒进入普通滤料内部,造成滤料纤维间隙堵塞,过滤阻力变化复杂;而覆膜滤料表面附有一层聚四氟乙烯微孔薄膜,粉尘无法进入滤料纤维间隙。覆膜滤料有效过滤面积与滤料表面堆积的岩粉有关,过滤风速越大,粉尘堆积越紧密,有效过滤面积就越大。在不同过滤风速条件下,普通滤料和覆膜滤料有效过滤面积都随褶系数的增加不断降低。

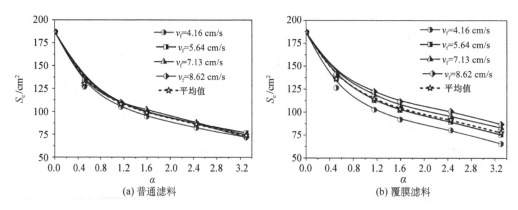

图 4-15 不同过滤风速下滤料有效过滤面积随褶系数的变化情况

由图 4-15 可知,两种滤料的有效过滤面积 S_e 随褶系数 α 的变化曲线和对数函数相似,为了用对数函数表示滤料有效过滤面积 S_e 与褶系数 α 的变化关系,用 $\alpha+0.1$ 替代 α,则滤料有效过滤面积 S_e 随 $\alpha+0.1$ 的变化曲线及其拟合线如图 4-16 所示,拟合公式显示在图 4-16 中。又因为展开滤料的过滤面积 S 为 $187\ \mathrm{cm^2}$,则普通滤料和覆膜滤料的有效过滤面积 S_e 与褶系数 α 的关系分别为:

$$S_e=0.618S-0.175S\ln(\alpha+0.11) \tag{4-11}$$

$$S_e=0.659S-0.187S\ln(\alpha+0.16) \tag{4-12}$$

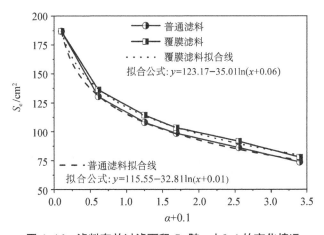

图 4-16 滤料有效过滤面积 S_e 随 $\alpha+0.1$ 的变化情况

为了更形象地表示,将褶系数为 0、1.59 和 3.30 时滤料上岩粉的堆积形态用示意图表示,如图 4-17 所示,褶系数越大,褶间距越小,粉尘颗粒越容易沉积在褶夹角内,从而降低滤料有效过滤面积。通常同种滤料的透气性相同,由图 4-12 可知在过滤风速相同的条件下,随着褶系数的增加,滤料总过滤阻力大致呈增加趋势,又由式(4-5)可知,滤料的透气性逐渐减小。究其原因,褶系数的增加造成滤料有效过滤面积的降低,进而造成滤料透气性的减小。

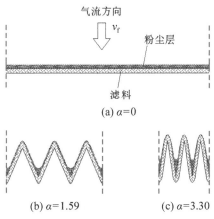

图 4-17 滤料表面岩粉堆积状态示意图

4.3.3　褶结构对粉尘层和滤料之间黏附力的影响

图 4-18 是不同褶系数滤料清灰时反向清灰总过滤阻力随反吹风速的变化情况。Seville 和 Li 等[209, 235]指出当粉尘层脱离滤料后反向清灰总过滤阻力与反吹风速呈线性关系。如图 4-18 所示,当反吹风速为 1.48 cm/s 时,普通滤料和覆膜滤料在褶系数为 0、0.51、1.15、1.59、2.45 和 3.30 时的清灰阻力实验值都高于拟合线;当反吹风速为 2.82 cm/s 时,普通滤料在褶系数为 1.15、1.59、2.45 和 3.30,覆膜滤料在褶系数为 2.45 和 3.30 时,清灰阻力实验值都高于拟合线,这主要是由粉尘层从普通滤料和覆膜滤料上脱落的时间不同,即两种滤料与粉尘层之间的黏附力不同造成的。上述测点清灰时反向清灰总过滤阻力不与反吹风速呈线性关系,这主要是因为粉尘层尚未从滤料上完全脱落。

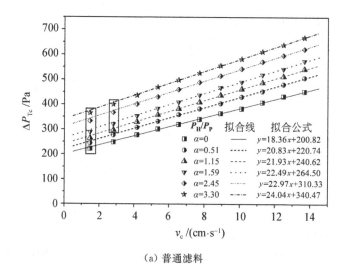

（a）普通滤料

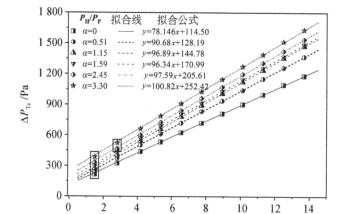

（b）覆膜滤料

图 4-18　不同褶系数滤料清灰时反向清灰总过滤阻力随反吹风速的变化情况

排除上述不匹配测点,清灰时反向清灰总过滤阻力与反吹风速呈线性关系,由式(4-6)和图4-18中的拟合公式可计算普通滤料和覆膜滤料与反向清灰总过滤阻力随褶系数的变化情况,其变化趋势如图4-19所示。在褶系数为0、0.51、1.15、1.59、2.45和3.30时,普通滤料与粉尘层之间的黏附力分别为200.82 Pa、220.74 Pa、240.62 Pa、264.50 Pa、310.33 Pa和340.47 Pa,覆膜滤料与粉尘层之间的黏附力分别为114.50 Pa、128.19 Pa、144.78 Pa、170.99 Pa、205.61 Pa和252.42 Pa,普通滤料和覆膜滤料与粉尘层之间的黏附力都随褶系数的增加而增加,褶的存在增加了清灰难度。在相同褶系数条件下,普通滤料与粉尘层之间的黏附力大于覆膜滤料。Park和Choi等[140, 227-228, 232]的研究指出,过滤风速、滤料性质、粉尘颗粒的大小、形状的规则程度、表面的粗糙度、润湿性、荷电量、化学组分等方面都会对粉尘与滤料之间的黏附力产生影响。此处普通滤料和覆膜滤料黏附力不同主要是由两种滤料表面性质不同造成的。

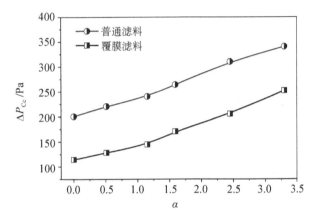

图4-19　不同褶系数滤料与反向清灰总过滤阻力对比

4.3.4　褶结构对滤料清灰效率的影响

在含尘气体过滤阶段,随着过滤的进行,捕集在滤料外壁的粉尘逐渐增加,导致总过滤阻力增大,会消耗更多的能量来维持过滤的进行。当过滤阻力达到一定值时,要进行清灰操作,降低过滤阻力以实现滤料再生。Tanabe等[228]采用清灰后滤料上残留粉尘质量衡量滤料清灰效率,这种方法在残留粉尘处于均匀分布状态时才能保证数据精确。当滤料上残留粉尘分布不均匀时,如部分滤料彻底清灰,另一部分滤料残留很多粉尘,直接采用残留粉尘质量表示滤料阻力变化时会引起误差。因此,本书选择残留过滤阻力求解滤料清灰效率。定阻清灰模式下不同褶系数滤料总过滤阻力随时间的变化如图4-20所示,前5个过滤周期t_c和前5个清灰后滤料残留过滤阻力P_r列于图4-20显示的表格中。对于两种滤料,不同褶系数条件下第一个过滤周期都大于后续周期,这是由于粉尘添加速率都稳定在0.02 g/s,初始过滤阶段部分微细粉尘进入滤料内部。对于不同褶系数的两种滤料,随着过滤的进行,过滤周期都逐渐减小,清灰后滤料残留过滤阻力都逐渐增加。

图 4-20 中的黑色曲线是前 9 个过滤周期所对应的分界线,褶系数为 0、0.51、1.15、1.59、2.45 和 3.30 时,普通滤料所对应的时间分别为 1 412 s、1 116 s、1 026 s、937 s、767 s 和 683 s,覆膜滤料所对应的时间分别为 1 444 s、1 162 s、1 009 s、925 s、802 s 和 688 s。在相同褶系数条件下,普通滤料第一个周期都大于覆膜滤料第一个周期,而普通滤料前 9 个周期对应时间小于覆膜滤料,这表明覆膜滤料较普通滤料更容易清灰,这与图 4-19 中覆膜滤料与粉尘层之间的黏附力小于普通滤料与粉尘层之间的黏附力相一致。由图 4-20 可以得到,在 1 200 s 内,普通滤料在褶系数为 0、0.51、1.15、1.59、2.45 和 3.30 时分别进行清灰操作 6 次、9 次、11 次、12 次、15 次和 18 次,覆膜滤料则分别进行清灰操作 6 次、9 次、11 次、12 次、15 次和 17 次,即随着褶系数的增加,相同时间内两种滤料所需清灰次数都逐渐增加,即需要消耗更多的能量进行清灰操作。

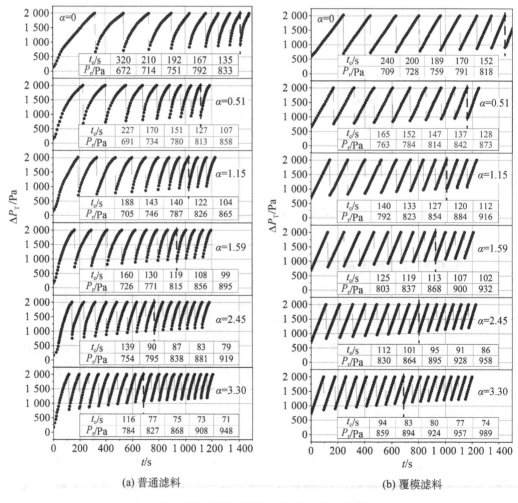

(a) 普通滤料　　　　　　　　　　(b) 覆模滤料

图 4-20　不同褶系数滤料总过滤阻力随时间的变化

由式(4-7)和图4-20计算两种滤料的滤料清灰效率随清灰周期的变化,其结果如图4-21所示。由图4-21可知,随着清灰周期的增加,两种滤料的清灰效率都逐渐降低。Park等[231]设计了内部装有4个滤筒的除尘器,通过实验发现随着过滤的进行滤筒除尘器过滤周期逐渐缩短、残留过滤阻力逐渐增加,导致清灰效率逐渐降低,这与本书的研究结果相同。两种滤料的滤料清灰效率都随着褶系数的增加逐渐降低,褶系数的增加缩短了清灰周期、提高了清灰难度。此外,覆膜滤料的清灰效率大于普通滤料的清灰效率,覆膜滤料表面有一层聚四氟乙烯微孔薄膜,这层薄膜与粉尘层之间的黏附力小于普通滤料与粉尘层之间的黏附力,使粉尘更易脱落。

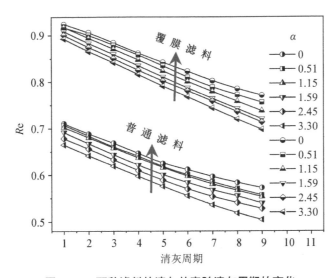

图 4-21　两种滤料的清灰效率随清灰周期的变化

4.4　本章小结

本章对滤料过滤加载特性的褶结构影响机理进行了研究,首先对过滤阻力理论进行了分析,建立了过滤阻力、粉尘层阻力系数、粉尘层比阻系数、粉尘层孔隙率、滤料透气性、黏附力和清灰效率求解公式,设计了褶结构滤料过滤加载及反吹清灰测试实验平台,测试了不同褶系数条件下的滤料过滤阻力、总过滤阻力,求解了粉尘层阻力系数,建立了褶系数与有效过滤面积的关联模型,探究了褶系数对粉尘层和滤料之间黏附力的影响,通过反吹实验测试了褶结构对滤料清灰效率的影响。本章主要结论如下:

(1)两种滤料的阻力系数增长率都随着褶系数的增加先降低后增加,褶系数为1.15～1.59时滤料阻力系数增长率最低。要保持良好的过滤效果,褶系数要低于1.59,此外,褶系数对过滤阻力的影响随过滤风速的增加更加明显。

(2)在添加粉尘的过滤阶段,不同褶系数滤料的过滤阻力系数与总过滤阻力增长趋势相同,普通滤料总过滤阻力的增长分为明显的三个阶段,覆膜滤料总过滤阻力则呈线性增加。在过滤风速和岩粉性质相同的情况下,通过理论分析可知:不同褶结构滤料的粉尘层孔隙率相同,粉尘层比阻系数 k_2 保持不变。但是,通过本章实验可得:粉尘层比阻系数与滤料过滤面积的比值 k_2/S 随褶系数的增加而增加。因此不同褶系数的滤料主要通过改变滤料的有效过滤面积来影响过滤阻力。在相同过滤风速条件下,普通滤料和覆膜滤料的有效过滤面积都随着褶系数的增加而降低,普通滤料和覆膜滤料有效过滤面积与褶系数的关系可由式(4-11)和式(4-12)表示。

(3)普通滤料和覆膜滤料的清灰黏附力都随褶系数的增加而增加,在褶系数相同的条件下,普通滤料清灰黏附力大于覆膜滤料,这主要是由两种滤料表面性质不同造成的。随着过滤的进行,不同褶系数条件下两种滤料的过滤周期都逐渐减小,残留过滤阻力都逐渐增加。随着褶系数的增加,相同时间内两种滤料所需清灰次数都逐渐增加,普通滤料前 9 个周期对应时间小于覆膜滤料,这表明覆膜滤料较普通滤料更容易清灰,这与覆膜滤料清灰黏附力小于普通滤料清灰黏附力相一致。此外,覆膜滤料的清灰效率大于普通滤料的清灰效率,两种滤料的清灰效率都随着褶系数的增加逐渐降低。

5 脉冲喷吹系统设计与优化

大型脉冲滤筒除尘器内部滤筒多采用分排式布置,考虑到除尘器内部结构简单化和清灰节能化,通常采用一个脉冲阀通过喷吹管控制一排多个滤筒同时进行清灰,但在分排清灰过程中,同一根喷吹管下的各个滤筒之间存在着清灰不均匀现象,这是由从各个喷嘴喷出的气流瞬态压力大小不均匀导致的,会造成脉冲滤筒除尘器过滤阻力增加、清灰周期减小,不利于除尘器运行。因此,喷吹管在分排清灰中起着重要作用。为了给脉冲滤筒除尘器喷吹管提供设计依据,本章搭建了喷吹管脉冲喷吹清灰实验系统,设置了 4 种分排清灰状态,4 种状态下滤筒总过滤面积相同,在脉冲喷吹清灰过程中,通过测试滤筒内壁静压变化研究喷嘴直径、喷嘴数量、喷吹距离、气包压力等因素对清灰效果的影响,同时对最优喷吹距离和喷嘴优化效果进行了研究,并在实验室加载过程中对除尘器喷吹管的优化效果进行了考察。

此外,大口径褶式滤筒无须定制化加工,生产厂家多,购买价格低。但是,对于大口径褶式滤筒,其清灰难度更大,沿滤筒长度方向上清灰不均匀性更严重。若能解决大口径滤筒清灰难的问题,将大口径滤筒应用于隧道施工,能显著降低粉尘治理成本,有利于滤筒脉冲除尘器在施工过程中的推广使用。大口径褶式滤筒清灰困难、清灰均匀性差主要表现为沿滤筒长度方向上,滤筒上部外表面经常残留粉尘,导致滤筒阻力增加;滤筒下部清灰较彻底,甚至出现过度清灰现象,造成滤筒破损,降低滤筒使用寿命。本章设计了内置旋转脉喷器并通过实验对其清灰效果进行验证,为解决大口径滤筒清灰不均匀的现象提供了新思路。

5.1 喷吹管脉冲喷吹均匀性

5.1.1 喷吹管脉冲喷吹均匀性优化理论

脉冲喷吹系统主要包括气包、脉冲阀、喷吹管、油水分离器等,分排脉冲喷吹清灰时一个脉冲阀控制一根喷吹管,喷吹管上开有若干喷吹孔,喷吹孔与同直径的喷嘴连接,每个喷嘴下方对应一个滤筒。喷吹管的前端通过脉冲阀与气包相连,气包内装有足量压缩空气,喷吹管后端密封。当脉冲阀开启时,气包内的压缩气体瞬间喷出并沿喷吹管向后端流动,压缩气体从各喷嘴喷出形成射流,并诱导数倍于射流气体的周围空气进入滤筒内部,这部分周围气体被称为诱导气体。当射流气体和诱导气体射入滤筒内部与滤筒内壁发生碰撞时,气体的动压转化为静压,静压是评价脉冲喷吹效果的主要指标[114]。

压缩气体从脉冲阀喷出后,沿喷吹管长度方向上速度和静压分布是不均匀的。为使喷吹管上各喷嘴之间的气流更均匀,可用单个滤筒内壁复合压力与同一根喷吹管下多个滤筒内壁复合压力平均值之比 K_{nj}(优化因子)对喷吹孔直径进行优化,从而实现均匀清灰,相关公式为:

$$K_{nj} = p_{\varepsilon nj} / \bar{p}_\varepsilon \tag{5-1}$$

$$K_{nj} \cdot A'_{nj} = A_{nj} \tag{5-2}$$

式中:K_{nj}——优化因子;

$p_{\varepsilon nj}$——滤筒 F_{nj} 内壁复合压力;

F_{nj}——喷吹孔 N_{nj} 所对应的滤筒;

N_{nj}——有 n 个喷吹孔的喷吹管中第 j 个喷吹孔;

$\bar{p}_\varepsilon$——复合压力平均值,其计算公式为 $\bar{p}_\varepsilon = \sum\limits_{j=1}^{n} p_{\varepsilon nj} / n$;

A_{nj}——优化前喷吹孔 N_{nj} 的面积;

A'_{nj}——优化后喷吹孔 N_{nj} 的面积。

优化前和优化后喷吹孔 N_{nj} 的面积可由式(5-3)和(5-4)表示:

$$A_{nj} = \pi d_{nj}^2 / 4 \tag{5-3}$$

$$A'_{nj} = \pi d'^2_{nj} / 4 \tag{5-4}$$

式中:d_{nj}——优化前喷吹孔 N_{nj} 的直径;

d'_{nj}——优化后喷吹孔 N_{nj} 的直径。

则优化后喷吹孔 N_{nj} 的直径的计算公式为:

$$d'_{nj} = d_{nj} / \sqrt{K_{nj}} \tag{5-5}$$

压缩气体从脉冲阀喷出后,通过喷吹管由喷嘴喷出,假设气体黏度可以忽略,且为不可压缩气体,由伯努利原理可知伯努利方程:

$$p + \frac{1}{2}\rho v^2 + \rho g h = c \tag{5-6}$$

式中:p——流体中某一点的压强;

v——流体中该点的流速;

ρ——流体密度;

g——重力加速度;

h——该点所在高度;

c——常量。

从喷嘴喷出的压缩气体会受到滤筒壁面的限制,射流气体与滤筒壁面碰撞时,气体的动压转化为静压,静压通常被用来评价滤筒喷吹清灰效果[114, 179, 201]。

喷吹距离对脉冲喷吹清灰效果有很大影响,喷吹距离过小时,射入滤筒的诱导气流太少会降低清灰效果;喷吹距离过大时,喷吹气体不能全部进入滤筒内部。脉冲喷吹射流示意图如图 5-1 所示。

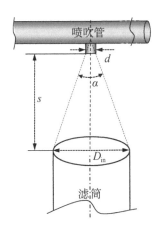

图 5-1　脉冲喷吹射流示意图

本节通过测试滤筒内壁静压变化研究喷嘴孔直径、喷嘴数量、喷吹距离、气包压力等因素对清灰效果的影响,同时对最优喷吹距离、孔管比和喷嘴优化效果进行研究。

5.1.2　喷吹管脉冲喷吹清灰实验系统

图 5-2 是喷吹管脉冲喷吹清灰实验系统示意图,其实验系统和部分仪器实物图如图 5-3 所示。该系统尺寸为 1 350 mm×450 mm×1 150 mm(长×宽×高),主要包括:空气压缩机(V-0.25/12.5 型,最大供气压力 0.7 MPa),高压空气集气包(简称"气包",容积 26.5 L),调压器(AR2000 型),电磁脉冲阀(DFM-Z-25 S 型,进、出口直径为 31 mm,工作压力 0.3~0.8 MPa,脉冲阀安装在喷吹管与气包之间),脉冲控制仪(CQ-B-DCYC 型,脉冲宽度为 0.02~0.99 s),自控给粉机(LSC-6 型,添加范围为 0~450 g/min,误差小于 3%),变频风机(9-19-5A 型,最大风量为 58 m³/min),数字压差表(AZ8205 型),在线风速仪(WS-200B 型,测量范围为 0~40 m/s),粉尘浓度在线监测仪(DFM/ZY 型,监测范围为 0~50 mg/m³),褶皱式滤筒(滤料为长纤维无纺布聚酯纤维材质),喷吹管(为不可变形无缝金属钢管,内径 28 mm,外径 31 mm,长度 1.2 m,喷吹管上有若干喷吹孔,所有喷吹孔垂直向下,喷吹孔外安装有同等直径的喷嘴,喷吹时要避免喷嘴倾斜)。

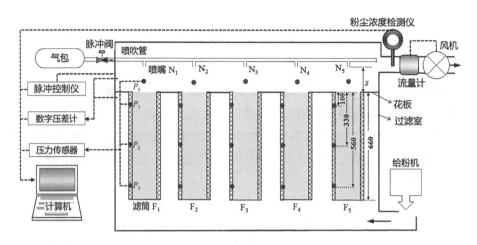

图 5-2　喷吹管脉冲喷吹清灰实验系统示意图

图 5-3　实验系统及仪器图

图 5-4 为 4 种状态下喷吹管和相应滤筒的示意图,4 种状态下的滤筒总过滤面积相等,为 18.69 m²。实验中共采用 18 个滤筒,滤筒分为 4 种型号(3 个 F₃ 型、4 个 F₄ 型、5 个 F₅、6 个 F₆ 型),滤筒参数如表 5-1 所示,滤筒垂直安装在花板上,每个喷嘴对应一个滤筒,且喷嘴中心线与滤筒中心线一致。滤筒顶部示意图如图 5-5 所示,滤料在扫描电子显微镜下放大 500 倍的图像如图 5-6 所示,实验中选用这种滤料是因为其在工业过滤除尘中应用非常广泛并且价格合理。实验中共采用 26 种类型的喷吹管,喷吹管之间的区别表现在喷嘴直径和喷嘴数量的差异,其中 22 种喷吹管标注在图 5-4 的表格中,另外 4 种喷吹管通过后文的优化得到。

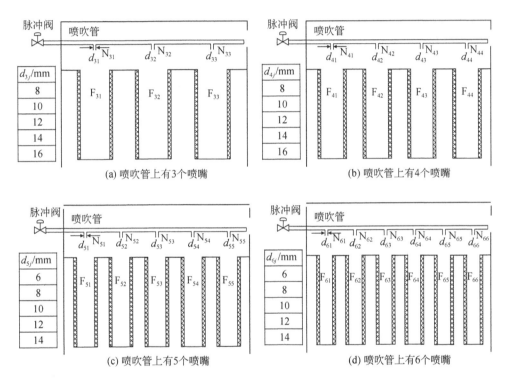

图 5-4　4 种状态下喷吹管和相应滤筒示意图

表 5-1　4 种型号滤筒参数

参数	滤筒型号			
	F_3	F_4	F_5	F_6
褶数 m/个	130	88	100	85
褶间距 P_W/mm	7.8	9.3	6.5	6.6
褶高 P_H/mm	40	40	35	35
滤筒内径 D_{in}/mm	240	170	130	90
滤筒外径 D_{out}/mm	320	260	210	180

（续表）

参数	滤筒型号			
	F$_3$	F$_4$	F$_5$	F$_6$
滤筒高度 L_H/mm	660	660	660	660
过滤面积 A_f/m^2	6.23	4.67	3.74	3.12
内部体积 V/m^3	0.030	0.015	0.008 8	0.004 2
褶夹角 β/°	2.77	4.09	3.6	4.24

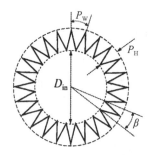

图 5-5　滤筒俯视示意图

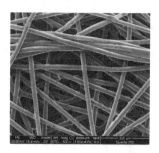

图 5-6　滤料扫描电镜图

本实验系统还采用高频压力采集子系统（其操作界面如图 5-7 所示），包括 3 个量程为 0～100 kPa 的 MYD-1540B 型压电式压力传感器，1 个量程为 0～1 MPa 的 MYD-1540C 型压电式压力传感器。所有压力传感器均为圆柱形，直径 7 mm，高 19 mm，灵敏度 8～12 pc/kPa，固有频率 40 kHz。此外，该子系统还包括 4 个 MCA-02 型电荷放大器（频率为 0.4～100 kHz）和 1 个 MYPCI 4526 型数据采集卡（频率为 10～200 kHz）。

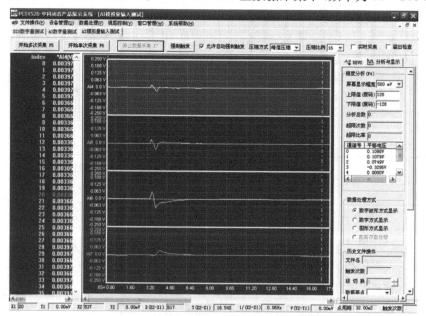

图 5-7　高频压力采集子系统操作界面

实验加载过程中所用粉尘为岩粉，采用 S3500 型激光粒度分析仪对粉尘粒径进行测试，测试结果如图 5-8 所示，粒径范围主要集中在 $0.5\sim50\ \mu m$ 之间。

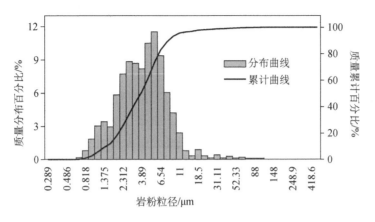

图 5-8　实验用岩粉粒径分布

通过调压器调节气包内气体压力，脉冲控制仪控制电磁脉冲阀开关和脉冲宽度，当电磁脉冲阀开启时，气包内的高压气体经电磁脉冲阀后形成脉冲气流，脉冲气流经喷吹管和喷嘴进入滤筒内部；计算机连接到压力传感器探头、电荷放大器和数据采集仪，用来监测滤筒内壁静压和喷嘴下方瞬态压力；通过调节给粉机给粉量和变频风机风速，确定粉尘添加速率；通过数字压差表和粉尘浓度在线监测仪，分别记录系统运行时滤筒的过滤阻力和粉尘排放浓度。

5.1.3　喷吹管脉冲喷吹清灰实验设计

通过调整气包压力、喷嘴直径、喷吹间距、喷嘴数量（滤筒数量）等参数实现多种操作状态。脉冲阀的脉冲喷吹时间设定为 0.15 s。MYD-1540C 型高频压力传感器探头布置在喷嘴出口下方垂直距离 50 mm 处（如图 5-2 中点 P_0），用来测量脉冲喷吹时喷嘴出口瞬态压力，这些高频压力传感器在测量结束后被移除。为了研究脉冲喷吹时滤筒内部清灰效果，需沿滤筒长度方向上测定滤筒内壁静压，因此，将 3 个 MYD-1540B 型高频压力传感器穿过金属骨架和滤料，固定安装在滤筒内壁，使传感器表面与滤料内表面对齐，分别布置在 $P_1=100$ mm，$P_2=330$ mm 和 $P_3=560$ mm 处。

由于传感器数量有限，不能一次完成测量，在测量喷嘴下方瞬态压力时，每喷吹一次只测量一个喷嘴下方的瞬态压力；同样，在测量滤筒内壁静压时，每喷吹一次只测量一个滤筒内壁静压。因此，要进行多次脉冲喷吹操作完成压力测试。压力传感器将信号传到电荷放大器，之后传送到数据采集卡中，数据采集卡与电脑相连，可以将获得的数据转化为压力数据。

具体操作步骤如下：

1）喷嘴下方瞬态压力测试

如图 5-4(a)所示，在喷吹管上有 3 个喷嘴的情况下，高频压力探头安装在喷嘴下方 50 mm 处，喷嘴直径为 14 mm，脉冲喷吹时间为 0.15 s，气包压力分别为 0.3 MPa、0.4 MPa、0.5 MPa、0.6 MPa 和 0.7 MPa 时，测量喷嘴下方瞬态压力。

2）滤筒内壁静压测试

首先移除喷嘴下方高频压力探头，避免其阻碍脉冲喷吹气流向滤筒内部喷吹，之后在滤筒内壁点 P_1、P_2 和 P_3 处分别安装 MYD-1540B 压力探头，在气包压力分别为 0.3 MPa、0.5 MPa 和 0.7 MPa，喷嘴直径为 12 mm，喷吹距离为 310 mm 时，测量滤筒内壁静压。

3）喷吹距离优化

气包压力设置为 0.5 MPa，针对有 3 个喷嘴的喷吹管，喷嘴直径为 10～20 mm，喷吹距离为 130～460 mm 时，测量滤筒 F_{31} 内壁静压；同样的方法，参照表 5-2 分别测量图 5-4 中另外 3 种状态下滤筒 F_{41}、F_{51} 和 F_{61} 内壁静压，对不同喷嘴直径和喷吹距离下的滤筒内壁静压进行研究；根据脉冲喷吹射流模型可求得在特定滤筒条件下的最优喷吹距离与喷嘴直径的关系。

表 5-2　清灰状态参数

类型	喷嘴直径 d/mm	喷吹距离 L_s/mm
F_3	10	340、370、400、430 和 460
	12	310、340、370、400 和 430
	14	220、250、280、310 和 340
	16	220、250、280、310 和 340
	18	130、160、190、220 和 250
	20	130、160、190、220 和 250
F_4	8	280、310、340、370 和 400
	10	220、250、280、310 和 340
	12	220、250、280、310 和 340
	14	160、190、220、250 和 280
	16	130、160、190、220 和 250
	18	130、160、190、220 和 250

类型	喷嘴直径 d/mm	喷吹距离 L_s/mm
F_5	6	220、250、280、310 和 340
	8	220、250、280、310 和 340
	10	160、190、220、250 和 280
	12	130、160、190、220 和 250
	14	100、130、160、190 和 220
	16	100、130、160、190 和 220
F_6	6	140、160、190、220 和 250
	8	120、140、160、190 和 220
	10	100、120、140、160 和 190
	12	100、120、140、160 和 190
	14	60、80、100、120 和 140
	16	60、80、100、120 和 140

4）孔管比研究

在气包压力为 0.5 MPa，喷嘴直径为 6～16 mm，且在相应最优喷吹距离条件下，测量图 5-4 中 4 种状态下滤筒内部静压，通过建立复合评判公式研究孔管比对脉冲喷吹清灰效果的影响。

5）喷嘴直径优化

基于喷吹管上喷嘴优化模型对喷嘴直径进行优化，对优化后的滤筒内部静压进行测试，并与优化前的脉冲喷吹清灰效果进行对比研究。

6）滤筒内部空间与脉冲喷吹效果关系

图 5-4 中 4 种状态下滤筒总过滤面积相同，都为 18.7 m²，然而滤筒内部总空间并不相同，本节通过平均复合压力和平均复合压力均匀性来研究滤筒内部空间对脉冲喷吹清灰效果的影响。

7）岩粉加载实验验证

选择单排 5 个滤筒进行岩粉加载测试，调节风机初始风量为 20 m³/min，即初始过滤风速为 1.07 m/min，开启给粉机，设定粉尘添加速率为 168.3 g/min，粉尘浓度为 8.41 g/m³，当阻力达到 $9\Delta P_0$（ΔP_0 为初始过滤阻力）时，进行脉冲喷吹清灰操作，测定 3 860 s 内喷吹系统优化前后两种状态下除尘器阻力和粉尘排放浓度变化。

8）综合性能评价

采用过滤性能指标综合考虑过滤阻力和粉尘排放浓度，对优化前后系统的综合性能进行评价。

5.1.4 脉冲喷吹均匀性优化规律

1）喷嘴下方瞬态压力测试

参照第 5.1.3 节操作步骤，如图 5-4(a)所示，喷吹管有 3 个直径为 14 mm 的喷嘴，脉冲喷吹时间为 0.15 s，高频压力探头安装在喷嘴下方 50 mm 处，在气包压力分别为 0.3 MPa、0.4 MPa、0.5 MPa、0.6 MPa 和 0.7 MPa 时测试喷嘴下方瞬态压力，测试结果如图 5-9 所示。

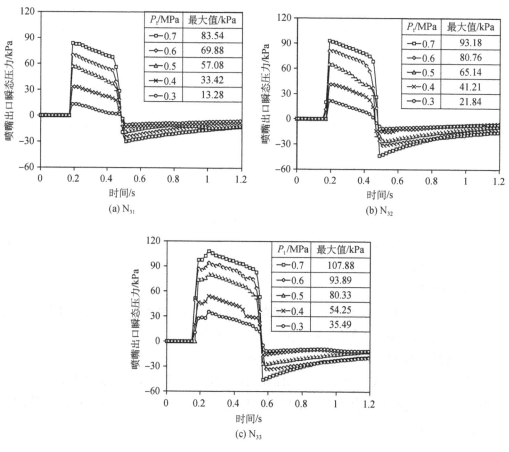

图 5-9 不同气包压力下喷嘴下方 50 mm 处瞬态压力

注：P_t 表示气包压力，单位为 MPa。

从图 5-9(a)可以看出，在不同气包压力下，脉冲阀开启后，喷嘴 N_{31} 出口迅速出现正压力峰值，随后有缓慢降低趋势，持续时间约为 0.25 s，之后压力快速下降到负压力峰值,又从负压缓慢增加至原状态并维持稳定。脉冲喷吹时间为 0.15 s,而正压力持续 0.25 s 缓慢下降是由于脉冲阀关闭后喷吹管内剩余气体因惯性作用继续喷出,负压的产生则是由于喷吹管内产生负压致使气体经喷嘴回吸进入喷吹管,滤筒在膨胀后出现收缩现象,且气包压力越大,喷吹气体速度越快,惯性越大,负压现象就越明显。

图 5-9(b)和图 5-9(c)中喷嘴出口瞬态压力变化趋势与图 5-9(a)大致相同,但图 5-9(c)中喷嘴出口瞬态压力出现正压后有二次增加现象,可能是由于脉冲气流向前流动过程中从喷嘴喷出导致静压增加,随后脉冲气流与喷吹管末端碰撞,大部分动压转化为静压,使得静压再次增加。图 5-9(b)和图 5-9(c)喷嘴出口正压力峰值不同,在相同气包压力条件下,喷嘴正压力峰值 $N_{33} > N_{32} > N_{31}$,即沿喷吹管气流喷出方向离脉冲阀越远,喷嘴出口瞬态压力越大。喷嘴出口瞬态压力变化规律与 Li 等[179]的研究相同,Berbner 等[240]的研究也指出瞬态压力迅速增加有利于提高清灰效率。

2)滤筒内壁静压测试

按照第 5.1.3 节实验步骤进行实验,在气包压力分别为 0.3 MPa、0.5 MPa 和 0.7 MPa,喷嘴直径为 12 mm,喷吹距离为 310 mm 时,测量图 5-4(a)中 3 个滤筒在点 P_1、P_2 和 P_3 处的内壁静压,其静压变化如图 5-10 所示。由图 5-10 可以看出,脉冲喷吹时不同喷嘴对应的滤筒内壁各测点静压都是先从零增加变为正压,正压过后出现负压。

如图 5-10 所示,在相同条件下气包压力越大测得滤筒内壁正压峰值越大,这与图 5-9 的结果相符,因为提高气包压力会使喷嘴出口的压力增加,同时诱导更多气体进入滤筒内部,使滤筒侧壁的正压峰值也相应增加。在气包压力相同的条件下,对比图 5-10(a)中滤筒上点 P_1、P_2 和 P_3 处的内壁静压曲线变化可以发现,沿滤筒长度方向从上到下正压峰值逐渐增加,这是因为脉冲气流经喷嘴喷出后在滤筒上部没有完全膨胀,在向下流动的过程中继续膨胀,在此过程中气流速度变小,使得滤筒内部静压逐渐升高。由于脉冲喷吹时间相同使得正压出现时间近乎相同,Simon、Zhang 和 Ji 等[241-243]一致认为影响脉冲喷吹清灰效果的主要因素是滤筒内壁正压峰值的大小,正压峰值越大,脉冲喷吹清灰效果越好。滤筒内壁正压变化规律与 Li、Lo 和 Qian 等[179, 192, 196]的研究相符。Yan 等[150]通过实验得到滤筒上部静压峰值最大而下部静压峰值最小,与本实验结果不同,这是因为:一方面是其采用了超声速喷嘴和气流扩散器;另一方面是其滤筒长度为 1 m,是本实验滤筒长度的 1.5 倍。

负压的变化规律与正压相似,负压绝对值随气包压力和滤筒深度的增加而增加。负压的产生是由于脉冲气流到达滤筒底部后,部分气体穿过滤筒侧壁,另一部分气体与滤筒底部碰撞后回升。脉冲气流除去 0.5 MPa 时的 F_{31} 滤筒,在气包压力为 0.5 MPa 和 0.7 MPa 时,在滤筒内部点 P_1 和 P_2 处负压过后均出现第二个正压,且点 P_1 处的第二个正压大于点 P_2 处的第二个正压;气包压力为 0.3 MPa 时负压后没有出现第二个正压,这可能是由气包初始压力太小造成的。Simon 等[241]用滤袋进行实验,观测到脉冲喷吹后几乎所有正压过后都会出现较小的负压,Ji 等[243]用陶瓷滤筒进行相同的实验,发现正压过后有明显的负压,这表明负压大小与滤料材质有关,滤料材质越硬,负压现象越明显。

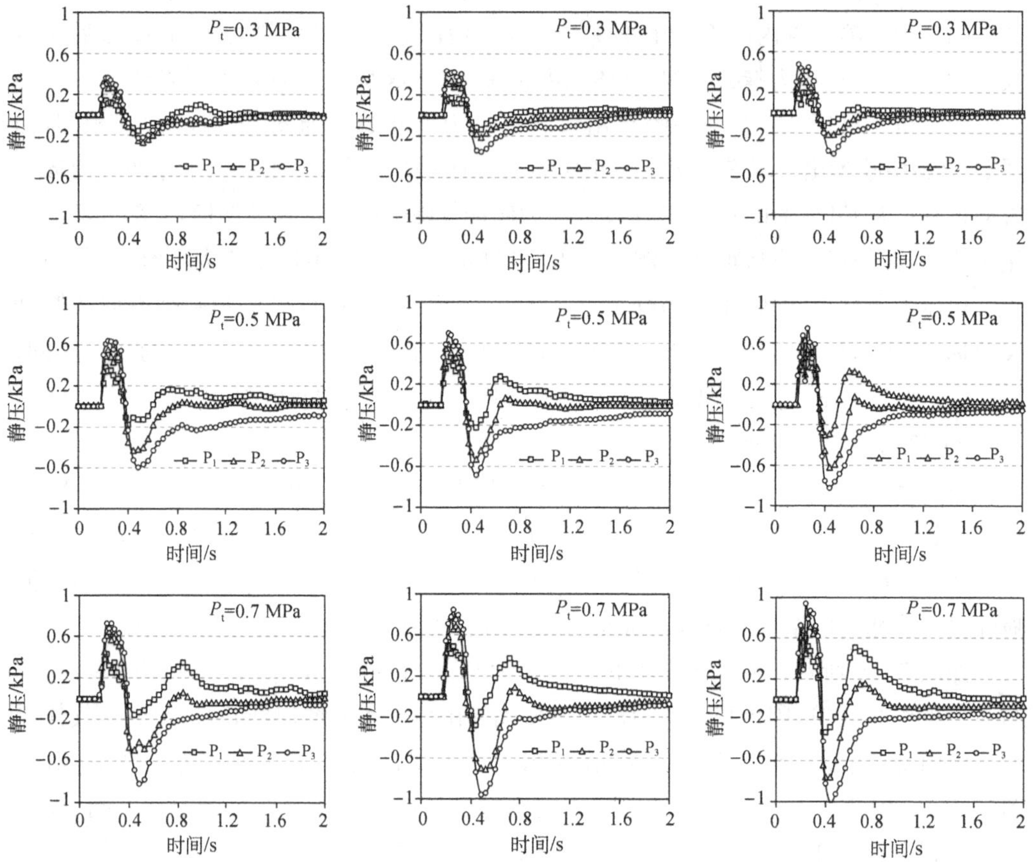

(a) 滤筒F_{31} (b) 滤筒F_{32} (c) 滤筒F_{33}

图 5-10　不同气包压力下 3 个滤筒内壁测点 P_1、P_2 和 P_3 的静压值

注:P_t 表示气包压力,单位为 MPa。

对比图 5-10(a)至图 5-10(c)可知,喷吹管上不同喷嘴对应的滤筒内壁静压曲线变化趋势相似,但静压大小不同。在滤筒内壁相同测点,滤筒 F_{31} 内壁正压峰值最小,滤筒 F_{33} 内壁正压峰值最大,这与图 5-9 中结论相吻合,即沿喷吹管气体流动方向,喷嘴出口压力逐渐增大,相应滤筒内壁静压峰值也变大。

3)喷吹距离优化

大量学者[150, 179, 192, 200]的研究表明滤筒内壁正压峰值(将负压出现前静压最大值称为正压峰值)的大小决定脉冲喷吹强度。由上述分析可知,相同条件下不同喷嘴所对应的滤筒内部静压曲线变化相似,因此本节选用喷吹管上第一个喷嘴 N_{31}(距离脉冲阀最近的喷嘴)进行研究,通过滤筒内壁静压曲线上正压峰值大小来确定不同直径喷嘴所对应的最优喷吹距离。

在气包压力为 0.5 MPa，喷嘴直径为 10~20 mm，喷吹距离为 130~460 mm 时，对图 5-4(a) 中第一个喷嘴 N_{31} 进行研究，滤筒 F_{31} 内壁 3 个点 P_1、P_2 和 P_3 在不同喷嘴直径和喷吹距离下的正压峰值如表 5-3 所示。在特定的喷嘴直径和喷吹距离下，压力峰值从 P_1 到 P_3 逐渐增加，这与图 5-10 结果相一致。Humphries 等[244] 的研究表明滤袋内壁正压峰值要大于 300 Pa 才能清掉滤料上 60% 的粉尘，褶结构的存在使得滤筒比滤袋更难清灰。

此外，不完全清灰现象通常发生在滤筒上部，因此在选择最优喷吹距离时要优先考虑滤筒上部（点 P_1 处）正压峰值的大小，其次再考虑平均压力峰值大小。另外，三个测点的正压峰值均匀性也将作为一个评价标准，其均匀性用正压峰值均方差表示，均方差越小，三个测点的正压峰值越均匀，脉冲喷吹效果越好。首先将压力峰值按式 (5-7) 进行归一化处理，然后用式 (5-8) 求解均方差：

$$x_i = p_i / p_{max}, i = 1, 2, 3 \tag{5-7}$$

式中：x_i——压力峰值归一化；

　　p_i——滤筒内壁点 P_1、P_2 和 P_3 处正压峰值；

　　p_{max}——点 P_1、P_2 和 P_3 中正压峰值最大值。

$$S.D. = \sqrt{\sum_{i=1}^{3} (x_i - \bar{x})^2 / (3-1)} \tag{5-8}$$

式中：$S.D.$——均方差；

　　$\bar{x}$——x_i 的平均值。

计算得到的正压峰值均方差列于表 5-3 中。由表 5-3 可得，在喷嘴直径 10~20 mm，喷吹距离 130~460 mm 时，点 P_3 处的正压峰值始终最大，点 P_1 处的正压峰值始终最小。在喷嘴直径相同的情况下，正压峰值随着喷吹距离的增加先增加后减小，即存在一个最优的喷吹距离。Qian、Chi 和 Lu 等[196, 199, 245] 通过对滤筒侧壁正压峰值的研究也得到对于特定直径的喷嘴存在一个最优的喷吹距离。喷嘴直径为 10 mm、12 mm、14 mm、16 mm、18 mm 和 20 mm 时，点 P_1 正压峰值最大值对应的喷吹距离分别为 400 mm、370 mm、310 mm、250 mm、220 mm 和 190 mm，三个测点平均正压峰值的最大值所对应的喷吹距离分别为 370 mm、370 mm、310 mm、220 mm、220 mm 和 190 mm，均方差最小值对应的喷吹距离分别为 400 mm、370 mm、310 mm、250 mm、250 mm 和 190 mm。综合考虑表 5-3 中点 P_1 处的正压峰值、平均正压峰值和均方差，喷嘴直径为 10 mm、12 mm、14 mm、16 mm、18 mm 和 20 mm 时的最优喷吹距离分别为 400 mm、370 mm、310 mm、250 mm、220 mm 和 190 mm，即随着喷嘴直径的增加，最优喷吹距离有变小趋势，与 Qian 和 Li 等[196, 246] 的研究相一致。这主要是由于喷嘴直径越小，其出口气体速度越快，需要较远的喷吹距离才能使脉冲气体在滤筒内更充分地膨胀。

表 5-3　滤筒 F_{31} 正压峰值与均方差

喷嘴直径 d/mm	喷吹距离 L_s/mm	正压峰值/Pa				均方差
		P_1	P_2	P_3	平均值	
10	340	325	656	779	587	0.301
	370	322	641	848	**604**	0.312
	400	**432**	567	798	599	**0.232**
	430	385	590	774	582	0.251
	460	307	547	745	533	0.294
12	310	322	550	641	504	0.256
	340	332	631	805	589	0.297
	370	**446**	645	789	**627**	**0.218**
	400	332	635	763	577	0.290
	430	294	554	703	517	0.294
14	220	243	646	760	550	0.357
	250	310	642	861	604	0.322
	280	397	727	922	682	0.288
	310	**484**	719	917	**707**	**0.236**
	340	367	629	790	595	0.270
16	220	395	651	848	**631**	0.268
	250	**437**	604	833	624	**0.239**
	280	351	511	756	539	0.270
	310	285	467	694	482	0.295
	340	253	487	629	456	0.302
18	130	195	514	792	500	0.377
	160	307	504	826	546	0.317
	190	361	550	818	576	0.281
	220	**425**	593	807	**608**	0.237
	250	393	519	721	544	**0.229**
20	130	281	574	724	526	0.311
	160	332	589	760	560	0.283
	190	**381**	583	750	**571**	**0.246**
	220	314	513	649	492	0.260
	250	278	497	586	453	0.270

注：表中点 P_1 处的正压峰值最大值、三个测点平均正压峰值的最大值、均方差的最小值均加粗标注。

为了更方便地得到最优喷嘴直径 d 和最优喷吹距离 L_s，基于射流理论的几何相似性，建立数学模型求解特定喷嘴对应的最优喷吹距离。如图 5-1 所示，当喷嘴直径 d 和滤筒内径 D_{in} 为确定值时，最优喷吹距离 L_s 与相应脉冲喷吹扩散角 $\ddot{\alpha}$（图 5-11 中喷吹角为 $2\ddot{\alpha}$）之间的关系可用式(5-9)表示：

$$\ddot{\alpha} = \arctan\left[(D_{in} - d)/2L_s\right] \tag{5-9}$$

由式(5-9)和表 5-3 可知，给定滤筒内径 D_{in} 时，最优喷吹距离条件下的喷嘴直径 d（图 5-11 中 $x = d$）与相应的扩散角之间的关系如图 5-11 所示，其拟合线为：

$$\ddot{\alpha} = \frac{0.089\,6d^2 + 0.262\,1d + 19.596}{2} \tag{5-10}$$

图 5-11 中曲线的相关系数 R^2 大于 0.99，喷吹扩散角与最优喷吹距离有较好的相关性，对于给定的滤筒内径和喷嘴直径，可以用拟合线表示喷嘴直径和扩散角之间的关系。喷嘴直径太小或太大都会降低脉冲喷吹清灰强度，主要因为喷嘴直径太小时会增加气流阻力，阻碍脉冲气体从喷嘴喷出，延长喷吹时间，造成滤筒内壁压力降低。本实验中通过对拟合线分析可知，最小扩散角为 8.45°；当喷嘴直径过大时，经喷嘴喷出的气体动压变小，未到达滤筒内壁时气体能量已经出现耗散现象，致使滤筒内壁压力变小，本实验中最大喷嘴直径应小于喷吹管直径 28 mm，即喷嘴的最大扩散角为 39.54°。因此，在本实验中，喷嘴的扩散角范围是 8.45°～39.54°。

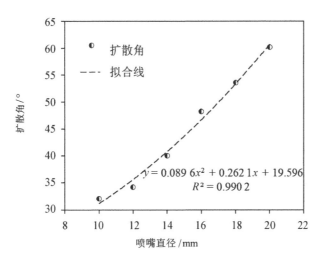

图 5-11　喷吹管有 3 个喷嘴时最优喷吹距离条件下喷嘴直径与相应扩散角的关系

在滤筒内径 D_{in} 已知的情况下，由式(5-9)和式(5-10)可推导出喷吹管上有 3 个喷嘴时，喷嘴直径 d 与相应最优喷吹距离 L_s 之间的关系如式(5-11)所示：

$$L_s = \frac{D_{in} - d}{2\tan\left(\dfrac{0.089\ 6d^2 + 0.262\ 1d + 19.596}{2}\right)} \qquad (5\text{-}11)$$

滤筒内径为 240 mm,喷吹孔直径为 10 mm、12 mm、14 mm、16 mm、18 mm 和 20 mm 时,由式(5-11)可得到最优喷吹距离分别为 412 mm、355 mm、304 mm、259 mm、221 mm 和 188 mm,与实验结果相近,误差很小。因此利用式(5-11)可近似求解特定滤筒内径 D_{in} 和喷嘴直径 d 所对应的最优喷吹距离 L_s。式(5-11)与 Qian 等[196]通过实验得到的喷吹孔直径与最优喷吹距离之间的近似关系不同,这可能是由有无喷嘴以及喷吹管管径、滤筒内径等因素不同造成的。

用同样的方法,喷吹管上有 4 个、5 个和 6 个喷嘴时,最优喷吹距离条件下喷嘴直径与相应扩散角的关系如图 5-12 所示,进而可得到给定滤筒内径、喷嘴直径所对应的最优喷吹距离的计算公式。

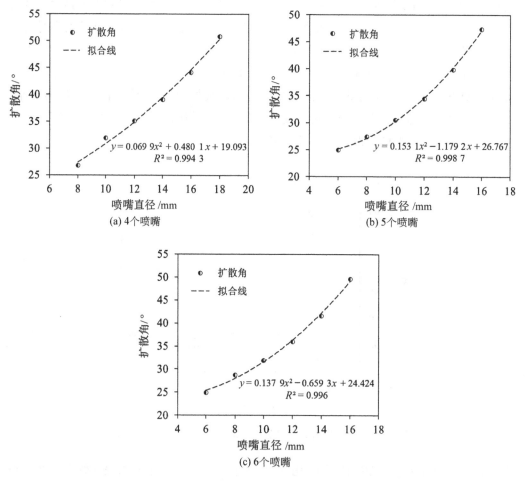

图 5-12 不同喷嘴个数时最优喷吹距离条件下喷嘴直径与相应扩散角的关系

4 种状态下的最优喷吹距离计算公式如下：

$$L_s = \begin{cases} \dfrac{D_{in} - d}{2\tan\left(\dfrac{0.089\,6d^2 + 0.262\,1d + 19.596}{2}\right)}, & n = 3 \\[4mm] \dfrac{D_{in} - d}{2\tan\left(\dfrac{0.069\,9d^2 + 0.480\,1d + 19.093}{2}\right)}, & n = 4 \\[4mm] \dfrac{D_{in} - d}{2\tan\left(\dfrac{0.153\,1d^2 - 1.179\,2d + 26.767}{2}\right)}, & n = 5 \\[4mm] \dfrac{D_{in} - d}{2\tan\left(\dfrac{0.137\,9d^2 - 0.659\,3d + 24.424}{2}\right)}, & n = 6 \end{cases} \tag{5-12}$$

式中：n——喷吹管上喷嘴的数量。

4）孔管比研究

对于特定的喷吹管，喷嘴直径能够影响脉冲喷吹清灰效果，为此在最优喷吹距离条件下对喷吹管上的喷嘴进行优化，实验中采用最优喷吹距离是为了消除喷吹距离对实验的影响。定义 ε 为同一个喷吹管上各喷嘴面积总和与喷吹管内径截面积的比值（孔管比），即

$$\varepsilon = \frac{A_n}{A_P} = \frac{\sum_{j=1}^{n} \pi(d_{nj}/2)^2}{\pi(D/2)^2} \tag{5-13}$$

式中：ε——孔管比；

A_n——喷吹管上各喷嘴面积总和，$A_n = \sum_{j=1}^{n} \pi(d_{nj}/2)^2$；

A_P——喷吹管截面积，$A_P = \pi(D/2)^2$；

d_{nj}——优化前喷吹孔 N_{nj} 的直径；

D——喷吹管管径；

n——喷吹管上喷嘴的数量。

对应图 5-4 中的 4 种状态，在喷嘴直径为 6~16 mm，喷嘴数量为 3~6 个时，由式(5-12)和式(5-13)分别计算各喷嘴所对应的最优喷吹距离和孔管比，计算结果如表 5-4 所示。

表 5-4 喷嘴所对应的最优喷吹距离和孔管比

喷嘴数量 i	滤筒内径 D_{in}/mm	喷嘴直径 d/mm	孔管比 ε	最优喷吹距离 L_s/mm
3	240	8	0.245	475
		10	0.383	412
		12	0.551	355
		14	0.750	304
		16	0.980	259
4	170	8	0.327	332
		10	0.510	289
		12	0.735	251
		14	1.000	217
		16	1.306	187
5	130	6	0.230	277
		8	0.408	253
		10	0.638	221
		12	0.918	189
		14	1.250	158
6	90	6	0.276	186
		8	0.490	165
		10	0.765	141
		12	1.102	118
		14	1.500	98

定义复合压力 p_ε 用来表征喷嘴下方滤筒内壁脉冲喷吹清灰效果,复合压力综合考虑了滤筒内壁上、中、下 3 个测点的正压峰值平均值和滤筒上部测点的正压峰值,并且赋予滤筒上部测点正压峰值的权重大于 3 个测点的正压峰值平均值的权重,这是因为滤筒内壁 3 个测点的正压峰值能够有效地评价脉冲喷吹强度,但滤筒上部位置发生不完全清灰的概率远大于滤筒中部和下部[150, 192]。复合压力计算公式如下:

$$p_\varepsilon = \beta_z p_1 + \gamma \bar{p} \tag{5-14}$$

式中：p_ε——复合压力；

β_z，γ——重要度系数，此处分别取 0.55 和 0.45；

$\bar{p}$——滤筒内壁点 P_1、P_2 和 P_3 处正压峰值平均值。

在气包压力 0.5 MPa，脉冲时间 0.15 s 时，按照表 5-4 所列参数进行实验，测试滤筒内壁静压强度，并利用式(5-14)求解复合压力 p_ε，不同喷嘴的复合压力 p_ε 如图 5-13 所示。

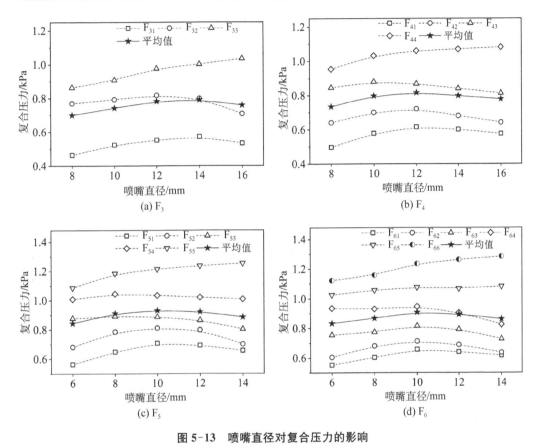

图 5-13　喷嘴直径对复合压力的影响

注：平均值是同一类型滤筒下相同喷嘴直径的复合压力平均值。

由图 5-13(a)可以看出，在喷吹管上有 3 个喷嘴，喷嘴直径为 8～16 mm 时，滤筒 F_{33} 内壁复合压力始终最大，滤筒 F_{31} 内壁复合压力始终最小；滤筒 F_{31} 内壁复合压力随喷嘴直径的增加先增加后降低，在喷嘴直径 14 mm 时达到最大值 0.571 kPa；滤筒 F_{32} 内壁复合压力开始维持稳定，在喷嘴直径达到 14 mm 时出现显著降低；滤筒 F_{33} 内壁复合压力则随着喷嘴直径的增加逐渐增加；滤筒 F_{31}、F_{32} 和 F_{33} 内壁复合压力平均值首先随喷嘴直径的增加而增加，在 14 mm 时达到最大值 0.790 kPa，然后减小，即本节实验中喷吹管上有 3 个喷嘴时最优喷嘴直径为 14 mm。

由图 5-13(b)至图 5-13(d)可知，沿喷吹管内气体喷出方向，滤筒内壁复合压力都有逐渐增加的趋势。滤筒 F_{41} 和 F_{42} 内壁复合压力首先随喷嘴直径增加而增加，在 12 mm

时达到最大值,分别为 0.617 kPa 和 0.723 kPa,随后有降低趋势;滤筒 F_{51}、F_{52}、F_{61}、F_{62} 和 F_{63} 内壁复合压力变化规律与滤筒 F_{41} 相同,在喷嘴直径为 10 mm 时复合压力最大,最大值分别为 0.710 kPa、0.811 kPa、0.658 kPa、0.715 kPa 和 0.819 kPa;滤筒 F_{43}、F_{53} 和 F_{64} 内壁复合压力变化趋势和滤筒 F_{32} 相似,随着喷嘴直径的增加,起初复合压力维持稳定,随后在喷嘴直径分别为 14 mm、12 mm 和 12 mm 时出现显著降低;滤筒 F_{44}、F_{55}、F_{65} 和 F_{66} 内壁复合压力变化趋势和滤筒 F_{33} 相似,随着喷嘴直径的增加逐渐增加;滤筒 F_{54} 内壁复合压力在喷嘴直径 6~14 mm 时基本保持不变。喷吹管上有 4 个、5 个和 6 个喷嘴时复合压力平均值随喷嘴直径的增加先增加,随后减小,最大值分别为 0.818 kPa、0.934 kPa 和 0.909 kPa,对应最优喷嘴直径分别为 12 mm、10 mm 和 10 mm。

沿喷吹管内气体喷出方向,滤筒内壁复合压力逐渐增加,这主要是因为开启脉冲阀后,压缩气体被瞬间释放,快速向前流动,向前流动过程中气体轴向速度变小,静压逐渐增大,径向速度逐渐增加,到达喷吹管末端时与管壁碰撞导致轴向速度接近于零,静压达到最大值,因此造成末端滤筒内壁复合压力大,前部滤筒内壁复合压力小。这与钟丽萍、赵美丽和樊百林等[193-194, 197]提出的沿喷吹管气体流动方向喷嘴出口流量逐渐增大相一致。不同直径喷嘴的复合压力不同,这主要是因为脉冲喷吹时,喷嘴直径过小会增加气体流动阻力,导致气体无法顺利从喷嘴排出;直径过大会降低喷嘴出口气体流动速度,从而降低滤筒内壁静压。

图 5-4 中 4 种状态下最优喷嘴直径分别为 14 mm、12 mm、10 mm 和 10 mm,相应的孔管比分别为 0.75、0.735、0.638 和 0.765。因此对于确定管径的喷吹管,喷吹管截面积与喷嘴面积之和的比值存在一个最优范围,通过实验发现最优孔管比为 0.6~0.8。

5)喷吹管喷嘴直径优化

由图 5-13 可知,沿喷吹管内气体喷出方向,滤筒内壁复合压力逐渐增加,滤筒之间清灰并不均匀,这将导致设备运行阻力增大、清灰周期变短,不利于设备运行。即使在最优喷吹距离和最优孔管比条件下,各滤筒之间清灰不均匀现象依然存在。为改变滤筒间脉冲喷吹不均匀现象,对于同一喷吹管,用优化因子(单个滤筒内壁复合压力与同一根喷吹管下多个滤筒内壁复合压力平均值之比)K_{nj} 对喷嘴直径进行优化,从而实现均匀清灰,可利用公式(5-1)~(5-5)求解 K_{nj} 和优化后喷嘴直径 d'_{nj}。

K_{nj} 的变化如图 5-14 所示,沿喷吹管内气体喷出方向,K_{nj} 逐渐增大,与滤筒内壁复合压力变化趋势相同。考虑到加工精度问题,取喷嘴直径近似值进行实验,其近似值如图 5-14 所示。

喷吹管上各喷嘴直径由图 5-14 决定,4 种状态下的喷吹管的喷吹高度分别取值 304 mm、251 mm、221 mm 和 141 mm,喷吹管上各喷嘴优化前后滤筒内壁静压峰值发生变化,通过计算得到喷吹管下各滤筒内壁复合压力如图 5-15 所示。优化前 4 种状态下滤筒内壁复合压力平均值分别为 0.790 kPa、0.818 kPa、0.934 kPa 和 0.909 kPa,优化后复合压力平均值分别为 0.758 kPa、0.776 kPa、0.839 kPa 和 0.824 kPa。

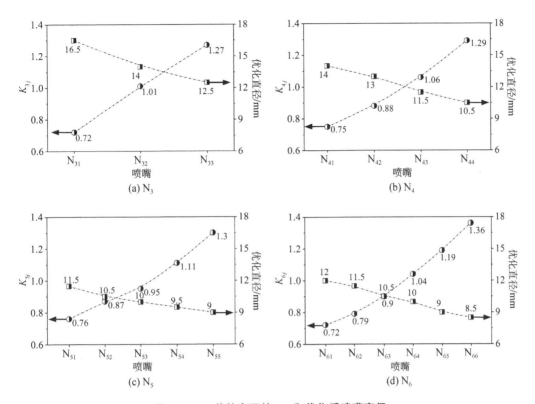

图 5-14 4 种状态下的 K_{nj} 和优化后喷嘴直径

同一根喷吹管上各喷嘴在优化前后滤筒内壁复合压力均方差 $S.D.$ 可由式(5-15)计算：

$$S.D. = \sqrt{\sum_{j=1}^{n}(p_{enj}/\bar{p}_{\varepsilon}-1)^2/(n-1)} \tag{5-15}$$

式中：$\bar{p}_{\varepsilon}$——复合压力平均值，Pa。

$S.D.$ 值越小，滤筒内壁复合压力越均匀，通过计算可得：优化前滤筒内壁复合压力均方差分别为 0.272、0.236、0.213 和 0.238，优化后滤筒内壁复合压力均方差分别为 0.035 1、0.033 9、0.031 2 和 0.030 9，其均匀性分别提高了 7.75、6.96、6.83 和 7.70 倍。由上面数据可知，优化后滤筒内壁复合压力平均值略有降低，但其复合压力均匀性有了显著提高，能有效解决同一根喷吹管下各滤筒之间脉冲喷吹不均匀问题。

6）滤筒内部体积与脉冲喷吹清灰效果关系

如图 5-4 所示，在 4 种状态下滤筒总过滤面积相同，总过滤面积约为 18.7 m²。由图 5-16 可知，本实验中 4 种状态下滤筒内部总体积分别为 0.089 6 m³、0.059 9 m³、0.043 8 m³ 和 0.025 2 m³，单个滤筒内部体积分别为 0.029 9 m³、0.015 0 m³、0.008 8 m³ 和 0.004 2 m³。在保证过滤面积相同的情况下，随着滤筒数量的增多，滤筒内部总体积和单个滤筒内部体积都显著减小。

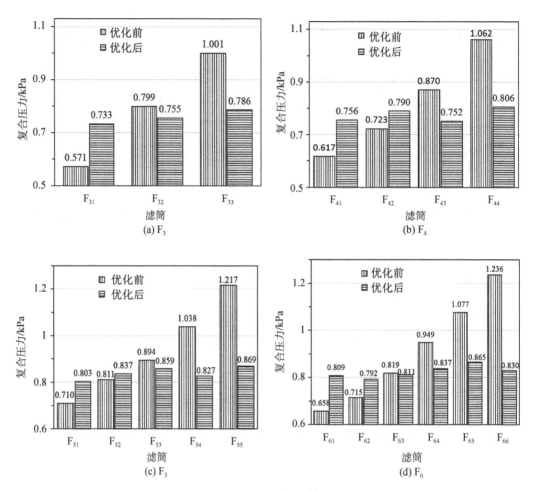

图 5-15 喷嘴直径优化前后滤筒内壁复合压力

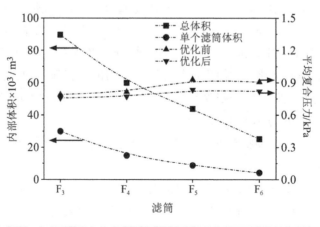

（a）平均复合压力

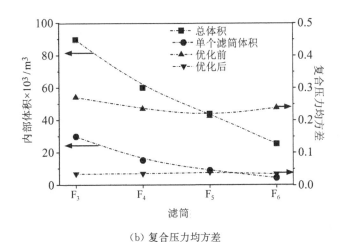

（b）复合压力均方差

图 5-16　滤筒内部体积与脉冲喷吹清灰效果的关系

由图 5-16 可知,优化前在单个滤筒内部体积为 0.008 8 m³ 时平均复合压力最大,均方差最小;优化后在单个滤筒内部体积为 0.008 8 m³ 时平均复合压力最大,喷吹均匀性为 0.039 7,喷吹均匀性虽然不是最小值,但各滤筒之间的复合压力相差不大,因此可认为此时的脉冲喷吹清灰效果最好,即是否对喷嘴进行优化,滤筒内部体积对脉冲喷吹清灰效果都有一定的影响。滤筒内部体积较大或较小都会降低喷吹效果,这是因为体积较大时脉冲气体静压转化率低,体积较小时喷嘴数量较多,喷嘴对气流阻力变大。Li 等[179]通过在滤筒内部加入柱椎体,减小了滤筒内部体积,改变了滤筒内部流场,显著提高了脉冲喷吹均匀性,也证明了滤筒内部体积大小影响脉冲喷吹清灰效果。

7）岩粉加载实验验证

通过滤筒内壁长度方向上静压测试对喷嘴优化前后系统的脉冲喷吹效果进行比较是一种间接测试的方法,本节选取有 5 个喷嘴的喷吹管进行岩粉加载实验验证。调节风机初始风量为 20 m³/min,设定粉尘添加速率为 168.3 g/min,当阻力达到 $9\Delta P_0$ 时进行脉冲喷吹清灰操作,从过滤到清灰的这段时间称为清灰周期。喷嘴优化前后过滤阻力随时间的变化如图 5-17 所示。

由图 5-17 可知,喷嘴优化前后初始过滤阻力相等,都近似为 0.153 kPa,随着过滤的进行,过滤阻力逐渐增加直至到达设定阻力值。喷嘴优化前,前 8 次脉冲喷吹清灰后滤料残留过滤阻力分别为 0.755 kPa、0.816 kPa、0.884 kPa、0.965 kPa、1.028 kPa、1.062 kPa、1.086 kPa 和 1.104 kPa,平均值为 0.963 kPa;喷嘴优化后,前 8 次脉冲喷吹清灰后滤料残留过滤阻力平均值为 0.808 kPa。此外,前 8 个清灰周期内,优化后过滤阻力平均值由 1.219 kPa 降为 1.209 kPa,即在前 8 个清灰周期内,喷嘴优化后滤料残留过滤阻力平均值和过滤阻力平均值都减小。在前 3 860 s 内,优化后平均残留过滤阻力由 1.011 kPa 降为 0.808 kPa,平均过滤阻力由 1.242 kPa 降为 1.216 kPa,喷嘴优

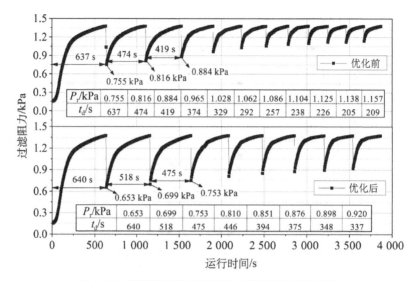

图 5-17　喷嘴优化前后过滤阻力随过滤时间的变化

注：P_r 表示清灰后滤料残留过滤阻力，单位为 kPa；t_d 表示清灰周期，单位为 s。

化后滤料残留过滤阻力平均值和过滤阻力平均值都小于喷嘴优化前。在相同清灰周期和相同过滤时间内，对喷嘴进行优化能够降低滤料残留过滤阻力和过滤阻力，降低运行能耗。

喷嘴优化前后第一个清灰周期相近，分别为 637 s 和 640 s，即初始过滤具有可重复性。喷嘴优化前，前 8 个清灰周期分别为 637 s、474 s、419 s、374 s、329 s、292 s、257 s 和 238 s，平均清灰周期为 377.5 s；喷嘴优化后平均清灰周期为 442.3 s，即前 8 个清灰周期内，喷嘴优化后清灰周期平均值大于喷嘴优化前。在 3 860 s 内，喷嘴优化前系统共进行了 11 次脉冲喷吹清灰，喷嘴优化后系统共进行了 8 次脉冲喷吹清灰，喷嘴优化后系统清灰周期平均值由 321.7 s 增加为 428.9 s。喷嘴优化后延长了清灰周期，进而降低了脉冲喷吹清灰次数，减少了脉冲喷吹清灰能耗。

喷嘴优化前后粉尘排放浓度随时间的变化如图 5-18 所示。由图 5-18 可知，在初始过滤阶段粉尘浓度较大，特别是前 150 s 内粉尘浓度明显高于后续粉尘浓度，与 Li 等[179]的研究结果相同，这主要是由于新滤筒滤料内部尚未填充粉尘，滤料表面没有形成粉尘初层，导致初始过滤阶段滤料过滤精度相对较低。随后进入稳定过滤阶段，滤料表面粉尘初层已经形成，粉尘排放浓度维持在 1 mg/m³ 以下。当过滤阻力达到设定阻力值时进行脉冲喷吹清灰，此时粉尘排放浓度瞬间升高，并在短时间内恢复常态。

喷嘴优化前，前 8 次脉冲喷吹粉尘排放浓度峰值分别为 5.273 mg/m³、4.923 mg/m³、4.288 mg/m³、4.552 mg/m³、4.159 mg/m³、3.991 mg/m³、3.835 mg/m³ 和 3.712 mg/m³，其平均值为 4.342 mg/m³；喷嘴优化后，前 8 次脉冲喷吹瞬间粉尘排放浓度峰值平均值为 5.558 mg/m³，喷嘴优化后脉冲喷吹瞬间粉尘排放浓度峰值增加，这是由脉冲喷吹清

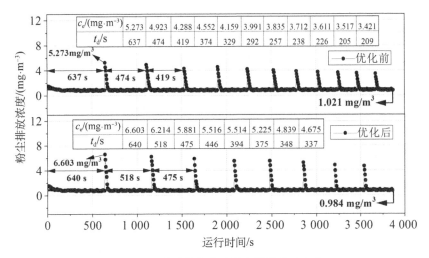

图 5-18　喷嘴优化前后粉尘排放浓度变化

注：c_e 表示粉尘排放浓度，单位为 mg·m^{-3}；t_d 表示清灰周期，单位为 s。

灰强度增加造成的。但是，前 8 个周期内，喷嘴优化后粉尘排放浓度平均值由 1.017 mg/m^3 降为 0.990 mg/m^3。在 3 860 s 内，喷嘴优化后粉尘排放浓度峰值的平均值由 4.117 mg/m^3 增加为 5.558 mg/m^3，喷嘴优化后系统粉尘排放浓度平均值由 1.021 mg/m^3 降为 0.984 mg/m^3。在相同过滤时间内和相同清灰周期内，喷嘴优化后清灰瞬间粉尘排放浓度峰值都有所增加，同时伴随着过滤阻力降低，但是在整个运行过程中平均粉尘排放浓度和平均过滤阻力都降低。

8）综合性能评价

影响除尘系统性能的因素主要有除尘效率和运行阻力，不能单一地用除尘效率或运行阻力来表示除尘系统性能的优劣：除尘效率越高、运行阻力越小，除尘系统性能越好。但在实际应用中，对于同种滤料高除尘效率往往伴随着高运行阻力。实验中入口粉尘浓度保持不变，除尘效率与粉尘排放浓度呈负相关。要保持除尘器在较低过滤阻力条件下运行，需进行清灰操作以降低滤料两侧压差，然而，清灰操作不仅会增加粉尘峰值排放浓度、增加清灰能耗，太频繁的清灰操作还会降低滤筒使用寿命。因此，除尘效率和运行阻力两者综合作用共同决定除尘系统过滤性能。此外，对于脉冲喷吹清灰，清灰能耗也是需要考虑的一个因素，Li 等[210] 提出了新的评价方法，将喷吹能耗考虑在内，下面将进行具体讨论。

喷嘴优化前后系统过滤效率如图 5-19 所示，在脉冲喷吹瞬间，粉尘排放浓度增加，除尘效率降低。在 3 860 s 内，喷嘴优化后除尘效率由 99.987 9% 上升为 99.988 3%，较优化前有所增加。除尘效率作为评价除尘器性能的一个重要参数，但不能表示除尘器运行阻力大小。为此，Park 和 Hajra 等[140, 144] 提出了评价过滤性能的两种指标，但这两种指标仅适用于一个过滤周期，不包含清灰过程，不能对多个过滤-清灰过程进行评

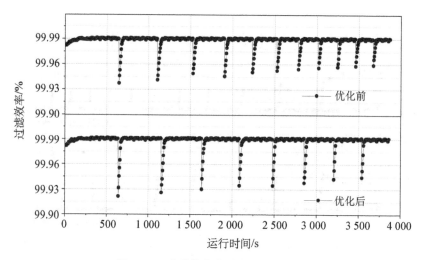

图 5-19 喷嘴优化前后除尘效率变化

价,Li 等[210]提出了对多个过滤-清灰周期进行评价的过滤性能指标 Q_F,将清灰能耗考虑在内,Q_F 为除尘器运行时间内出入口粉尘排放浓度比值的对数的相反数与功率的比值,单位为 1/J,Q_F 越大过滤性能越好,其计算公式如下:

$$Q_F = \frac{-\ln(c_{out}/c_{in})}{\bar{P}Q + (P'_0 - P'_1)V_t \ddot{n}/t} \qquad (5\text{-}16)$$

式中:Q_F——过滤性能指标,1/J;

c_{in}——入口粉尘浓度,mg/m³;

c_{out}——出口粉尘浓度,mg/m³;

$\bar{P}$——平均过滤阻力,Pa;

Q——风机风量,m³/s;

P'_0——脉冲喷吹前气包压力,Pa;

P'_1——脉冲喷吹后气包压力,Pa;

V_t——气包体积,m³;

t——持续时间,s;

$\ddot{n}$——时间 t 内的脉冲喷吹次数。

实验中 $P'_0 = 5 \times 10^5$ Pa, $P'_1 = 2.1 \times 10^5$ Pa, $V_t = 0.265$ m³, $Q = 0.433$ m³/s。在 3 860 s 内,喷嘴优化前后的平均粉尘浓度、平均过滤阻力和过滤性能如图 5-20 所示,喷嘴优化后粉尘平均排放浓度由 1.021 mg/m³ 降为 0.984 mg/m³,表明喷嘴优化后除尘器的除尘效率增加;平均过滤阻力由 1.242 Pa 降为 1.216 Pa,表明除尘器运行阻力降低。过滤性能指标 Q_F 综合考虑了除尘效率、运行功率和清灰能耗,能够较全面地对除尘器性能进行评价,喷嘴优化后过滤性能指标由 1.157×10^{-2} J⁻¹ 增加为 1.282×10^{-2} J⁻¹,优化后过滤性能提高,证明喷嘴优化后除尘器综合性能提高。

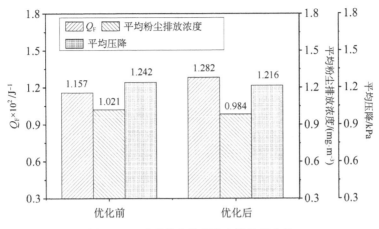

图 5-20　喷嘴优化前后除尘器性能变化

5.1.5　实验小结

本节主要对喷吹管脉冲喷吹特性进行研究,建立喷吹管优化方法并对喷嘴优化前后喷吹管脉冲喷吹清灰效果进行了对比分析,主要结论如下:

(1)沿喷吹管气体喷出方向,喷嘴下方瞬态压力依次变大,滤筒内壁静压峰值也相应增加,各滤筒之间有明显不均匀现象。滤筒内壁静压都先从零快速增加变为正压,随后降为负压并缓慢恢复为零。无论是喷嘴下方瞬态压力还是滤筒内壁静压,都是随气包压力的增加而增加。

(2)当喷嘴直径一定时,滤筒内壁静压峰值随脉冲喷吹距离的增加先增大后减小,即存在一个最优喷吹距离,建立数学模型得到喷嘴直径与最优喷吹距离之间的关系,在滤筒内径和喷嘴直径一定时,可求解最优喷吹距离,其随着喷嘴直径的增加而减小。

(3)在最优喷吹距离条件下,滤筒内壁复合压力沿喷吹管气体喷出方向逐渐增大,复合压力平均值随喷嘴直径的增加先增加后降低,通过实验分析得到喷吹管最优孔管比为 0.6~0.8,能显著提高清灰强度。通过对喷嘴进行优化,沿喷吹管气体喷出方向,喷嘴直径呈现由大到小逐渐减小的趋势,喷吹均匀性提高了约 4~8 倍。除此之外,在相同过滤面积条件下,滤筒内部体积对脉冲喷吹清灰效果有一定影响,在本节中单个滤筒内部体积为 0.008 8 m^3 时,即有 5 个喷嘴的喷吹管平均复合压力最大,清灰效果最优。

(4)喷嘴优化后,在相同过滤时间内和相同清灰周期内,清灰瞬间粉尘排放浓度峰值都有所增加,但粉尘排放浓度平均值降低,同时,滤筒过滤阻力平均值降低、清灰周期增加。采用过滤性能指标对喷嘴优化前后除尘器性能进行综合评价,该指标综合考虑了除尘效率、运行功率和清灰能耗,优化后过滤性能指标增加,除尘器综合性能提高。

5.2 内置旋转脉喷器降阻提效特性

5.2.1 内置旋转脉喷器设计思路与工作原理

滤筒除尘器在脉冲喷吹清灰的过程中,沿滤筒长度方向上经常出现清灰不均匀的现象,因褶皱结构的存在,使得滤筒清灰较滤袋更困难。如采用长度为660 mm 的滤筒时,脉冲喷吹清灰后滤筒上部经常残留粉尘,如图 5-21 所示,残留粉尘层在经过一次脉冲喷吹清灰后仍附着在滤筒外壁,导致滤筒有效过滤面积减小、过滤阻力增大,要保持处理风量不变,势必造成风机能耗增加。因此,大量学者对脉冲喷吹清灰降阻提效进行了研究。Yan、Choi、Chi 和 Shim 等[150, 198-199, 202]通过改变喷嘴形状来提高清灰效率,Suh 和 Lu 等[195, 200]则研究了文丘里管在提高清灰效率中的作用,Qian 和 Li 等[196, 247]通过对喷吹距离进行优化来提高喷吹效果,Li 等[179]在滤筒内部安装柱椎体来提高滤筒上部清灰强度。但是,由于脉冲射流逐渐扩散的特性限制,上述方法仅起到一定的优化作用,没有从根本上解决单个滤筒长度方向上清灰不均匀问题。

图 5-21　一次脉冲喷吹清灰后滤筒外壁残留粉尘

为从根本上解决滤筒上部清灰不彻底的难题,本节设计了内置旋转脉喷器,其实物图和结构示意图如图 5-22 所示,主要包括两个轴承、旋转主轴、两根旋转翼(每根旋转翼上有 18 个喷吹孔,喷吹孔延长线与滤筒内壁呈 30°夹角)、密封顶盖、三角支架、两个泄气孔、承压仓、弹簧、压缩空气入口等。压缩空气入口通过橡胶管与气包连接,其入口直径为 30 mm,泄压孔和喷吹孔的直径分别为 5 mm 和 3 mm,喷吹孔之间的间距为 30 mm。内置旋转脉喷器尺寸略小于滤筒内部空间,能在不与滤筒内壁摩擦的情况下进行旋转喷吹操作。

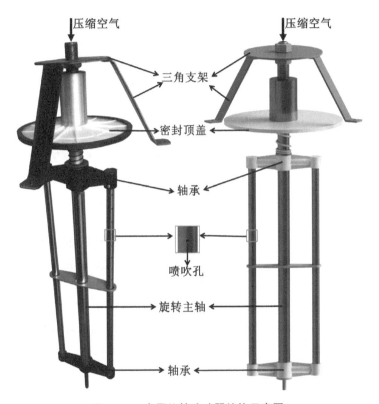

图 5-22　内置旋转脉喷器结构示意图

　　内置旋转脉喷器过滤过程和清灰过程原理图如图 5-23 所示。在过滤过程中,压缩空气关闭,密封顶盖在弹簧弹力作用下弹起,含尘气体穿过滤筒,粉尘被过滤在滤筒外壁,过滤后的清洁空气则经滤筒口排出,此过程中内置旋转脉喷器不工作;在清灰过程中,利用脉冲控制仪控制电磁脉冲阀开启,此时压缩空气经上端压缩空气入口进入内置旋转脉喷器内部。首先,少量压缩气体从泄气孔喷出进入承压仓,承压仓内的气压作用在密封顶盖上将弹簧压缩,密封顶盖将滤筒口盖住造成滤筒内部空间密封。随后,压缩气体从两侧旋转翼上的喷吹孔喷出,引发旋转翼旋转,即实现旋转翼在密封空间内旋转和喷吹同时进行。

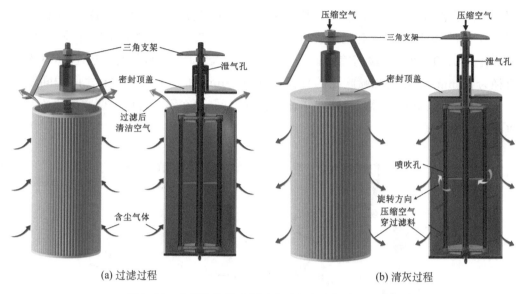

图 5-23　内置旋转脉喷器过滤过程和清灰过程原理图

5.2.2　内置旋转脉喷实验系统

内置旋转脉喷实验系统如图 5-24 所示,其示意图如图 5-25 所示。该实验系统过滤室内装有一个褶皱式滤筒,滤筒长为 660 mm、外径为 320 mm、内径为 240 mm、褶皱数为 118、褶高为 40 mm、过滤面积为 6.23 m²、滤料厚度为 0.75 mm、材质为长纤维无纺布聚酯纤维;采用 LSC-6 型给粉机定量添加粉尘;采用 9-19-5A 型变频风机为整个系统提供过滤动力;电磁脉冲阀的入口和出口分别与气包和喷吹管相连接,喷吹管末端与喷嘴相连,通过脉冲控制仪控制脉冲阀开启时间及时间间隔;采用 TSI 8534 型测尘

图 5-24　内置旋转脉喷实验系统实物图

仪测量除尘器出口粉尘浓度;采用 8252 型压差表测量滤筒内外两侧运行阻力;采用
SM8238 转速仪测量转速,反光片贴在旋转翼的外侧,如图 5-25 所示,当内置旋转脉喷
器旋转翼旋转时,转速仪记录旋转翼旋转时激光照射反光贴的次数。

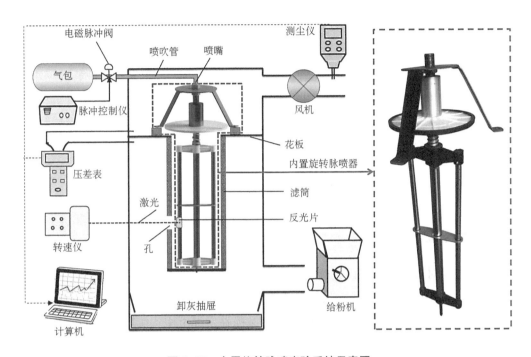

图 5-25　内置旋转脉喷实验系统示意图

实验中采用普通喷嘴脉冲喷吹清灰和内置旋转脉喷器清灰两种方法进行清灰,普
通喷嘴为中空钢管,共有 16 种类型,其参数如表 5-5 所示。实验中所用粉尘为粉煤灰,
平均粒径和粒径中位数分别为 23.5 μm 和 17.4 μm。

表 5-5　普通喷嘴参数

喷嘴直径 d/mm	喷吹距离 L_s/mm
15	200
	250
	300
	350
20	200
	250
	300
	350

（续表）

喷嘴直径 d/mm	喷吹距离 L_s/mm
25	200
	250
	300
	350
30	200
	250
	300
	350

5.2.3　内置旋转脉喷实验设计

本节主要对普通喷嘴和内置旋转脉喷器的清灰效果进行了研究。

第一,为了测试内置旋转脉喷器是否会额外增加滤筒的过滤阻力,在过滤风速为 $1\sim1.8$ cm/s 时,测定安装和未安装内置旋转脉喷器情况下褶式滤筒的压降变化。随后将滤筒一侧的滤料拆除并安装在除尘器过滤室内,内置旋转脉喷器则安装在滤筒内部,将反光片贴在旋转翼的外侧,此时从外界可以观察到滤筒内部的旋转脉喷器,转速仪射出的激光穿过滤筒拆除滤料部分照射到反光贴上,激光照射反光贴一次则转速仪记录一次,在气包压力为 0.3 MPa、0.4 MPa、0.5 MPa 和 0.6 MPa,脉冲宽度为 0.1 s、0.2 s、0.4 s、0.6 s、0.8 s、1.0 s 和 1.2 s 时测试旋转脉喷器旋转次数。

第二,在过滤室内安装带有内置旋转脉喷器的新滤筒,开启变频风机和给粉机,变频风机的风量和给粉机给粉速率分别为 5.32 m^3/min 和 48.6 g/min,表面过滤风速为 1.42 cm/s。当压降增加到 300 Pa[6 倍初始过滤阻力为($6P_0$]时,关闭给粉机,但仍保持风机正常运行。随后在气包压力为 0.5 MPa 时开启电磁脉冲阀,脉冲阀的脉冲宽度分别为 0.1 s、0.2 s、0.4 s、0.6 s、0.8 s、1.0 s 和 1.2 s,待系统稳定后记录残留压差值。

第三,利用表 5-5 中的普通喷嘴替代内置旋转脉喷器,重复第二步步骤,开启变频风机和给粉机,变频风机的风量和给粉机给粉速率分别为 5.32 m^3/min 和 48.6 g/min。当压降达到 300 Pa 时关闭给粉机,风机仍保持正常运行。随后在气包压力为 0.5 MPa,脉冲宽度为 0.15 s 时开启电磁脉冲阀,在不同普通喷嘴条件下记录残留压差值。

第四,在第二、三步中确定的最优状态下进行脉冲喷吹清灰实验,开启变频风机和给粉机,变频风机的风量和给粉机给粉速率仍调节为 5.32 m^3/min 和 48.6 g/min,当压降上升到 300 Pa 时开启电磁脉冲阀,实验系统连续运行 15 h,实验中同时记录压降和除尘器出口粉尘浓度。

5.2.4　内置旋转脉冲器提效规律

1)内置旋转脉喷器研究

在不同过滤风速条件下对安装和未安装内置旋转脉喷器的滤筒压降进行测试,结果如图 5-26 所示。对于安装和未安装内置旋转脉喷器的滤筒,其压降都随过滤风速的增加而增加。在特定过滤风速条件下,安装内置旋转脉喷器的滤筒的压降与未安装内置旋转脉喷器的滤筒的压降大小相似,即安装内置旋转脉喷器对滤筒压降的影响很小,其影响可以忽略。因此将内置旋转脉喷器应用于脉冲滤筒除尘器是可行的。

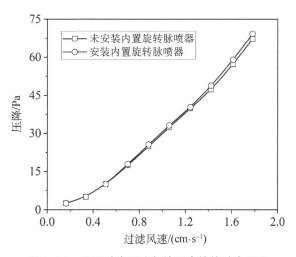

图 5-26　不同过滤风速条件下滤筒的过滤压降

普通喷嘴在高度为 660 mm 的国标滤筒脉冲喷吹过程中经常发生不均匀清灰现象,滤筒下部彻底清灰,但上部仍残留大量粉尘[122, 150, 202, 246],即滤筒在长度方向上未能实现均匀清灰。对于内置旋转脉喷器,喷吹孔在滤筒长度方向上均匀分布,压缩空气从喷吹孔喷出后能实现滤筒长度方向上的均匀清灰。此外,旋转翼在压缩空气的作用下能够快速旋转,完成圆周方向的均匀清灰。在不同气包压力和脉冲宽度条件下测试内置旋转脉喷器的转数,其结果如图 5-27 所示。由图 5-27 可知,脉冲宽度为 0.1~0.8 s 时,转数随着脉冲宽度的增加而逐渐增加;脉冲宽度为 0.8~1.2 s 时,转数保持相对稳定,究其原因,可能是气包体积的限制,脉冲宽度过大时,气包内没有足够多的气体继续喷出或者喷出气体压力太小无法继续维持旋转翼旋转。

此外,由图 5-27 可知,在气包压力为 0.3~0.6 MPa 时,转数随着气包压力的增加而逐渐增加,即气包压力越大,旋转翼转数越大。但是,气包压力越大,清灰系统消耗的能量就越大,此外,气包压力越大,对滤筒的损害也就越大。因此,在工业应用和前人实验中,气包压力多数采用 0.5 MPa[9, 179, 201, 248]。在本实验中,也选取 0.5 MPa 的气包压力进行实验。

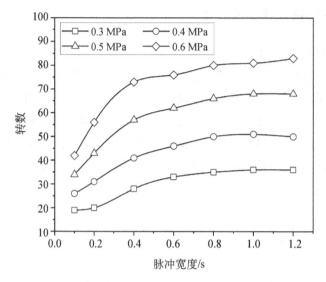

图 5-27　不同气包压力和脉冲宽度下内置旋转脉喷器的转数

将带有内置旋转脉喷器的新滤筒安装在过滤室内,风机风量和给粉机给粉速率分别设置为 5.32 m³/min 和 48.6 g/min。当滤筒压降达到 300 Pa 时关闭给粉机,随后在 0.5 MPa 的气包压力下开启电磁脉冲阀,记录脉冲宽度为 0.1 s、0.2 s、0.4 s、0.6 s、0.8 s、1.0 s 和 1.2 s 时滤筒的残留压降。滤筒的清灰效率可以由式(4-7)求解。

不同脉冲宽度条件下,旋转翼的转数、滤筒的残留压降和清灰效率随脉冲宽度的变化如图 5-28 所示。脉冲宽度为 0.1~0.8 s 时,转数和清灰效率随着脉冲宽度的增加而

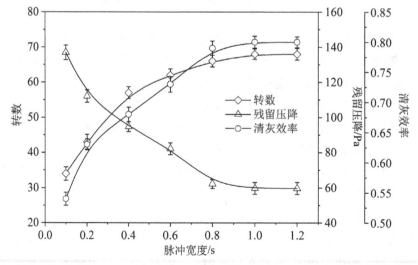

图 5-28　不同脉冲宽度下内置旋转脉喷器清灰参数

逐渐增加,残留压降随着脉冲宽度的增加而逐渐降低;脉冲宽度为 0.8~1.2 s 时,转数、残留压降和清灰效率都保持相对稳定,即残留压降与转数呈负相关、清灰效率与转数呈正相关。因此,利用转数作为评价清灰效果的指标是合理的。综合考虑清灰效率和清灰能耗,本实验中选择脉冲宽度为 0.8 s。

2)普通喷嘴优选

选用 16 种不同尺寸的普通喷嘴进行脉冲喷吹清灰实验,采用正交测试的方法,在喷嘴直径为 15 mm、20 mm、25 mm 和 30 mm,喷吹距离为 200 mm、250 mm、300 mm 和 350 mm 时分别测试滤筒清灰残留压降,结果如图 5-29 所示。在喷嘴直径为 15 mm 的情况下,当喷吹距离由 200 mm 增加到 350 mm 时,残留压降逐渐降低;在喷嘴直径为 30 mm 的情况下,当喷吹距离由 200 mm 增加到 350 mm 时,残留压降逐渐增加;但在喷嘴直径为 20 和 25 mm 的情况下,当喷吹距离由 200 mm 增加到 350 mm 时,残留压降先降低后增加。Qian 和 Li 等[196, 247]的研究也得到了类似的规律并给出了解释:对于给定的喷嘴,如果喷吹距离的范围足够大,残留压降随着喷吹距离的增加先减小后增加,造成这种现象的原因是如果喷射距离太短,滤筒上部附着的粉尘难以被彻底清理,而如果喷射距离太长,部分压缩气体不能射入滤筒内部。

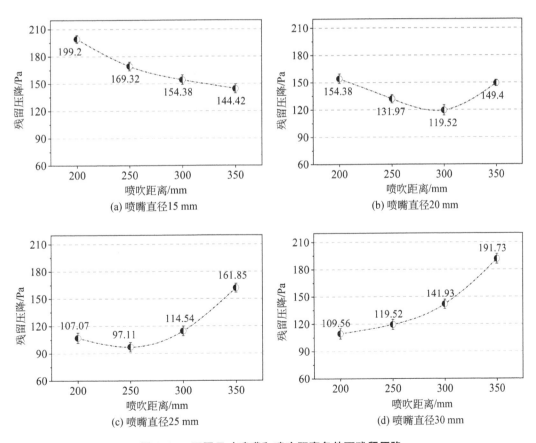

图 5-29 不同尺寸喷嘴和喷吹距离条件下残留压降

由图 5-29 可知,喷嘴直径为 15 mm、20 mm、25 mm 和 30 mm 时,对应最优喷吹距离分别为 350 mm、300 mm、250 mm 和 200 mm,即最优喷吹距离随着喷嘴直径的增加而减小,这与前人[196,246,247]研究一致,其研究还指出,残留压降越小表明清灰效果越好。通过对比图 5-29 中的数据可知,对于普通喷嘴,其直径为 25 mm,喷吹距离为 250 mm 时清灰效果最佳。

3) 压降对比

在风量为 5.32 m³/min、粉尘添加量为 48.6 g/min、气包压力为 0.5 MPa 的条件下,分别采用最优参数下的内置旋转脉喷器和普通喷嘴进行清灰操作,内置旋转脉喷器的脉冲宽度为 0.8 s,普通喷嘴的直径为 25 mm、喷吹距离为 250 mm、脉冲宽度为 0.15 s。当滤筒压降达到 300 Pa 时开启电磁脉冲阀,保持系统持续运行 15 h。采用内置旋转脉喷和普通喷嘴进行清灰时的压降演化如图 5-30 所示,滤筒压降随着过滤时间的增加逐渐增加,当压降达到 300 Pa 时进行脉冲喷吹清灰,此时压降迅速下降。脉冲喷吹清灰前所达到的压降被称为最大压降,脉冲喷吹清灰结束后的压降称为残留压降,在图 5-30 中对最大压降和残留压降所在点进行了标记。

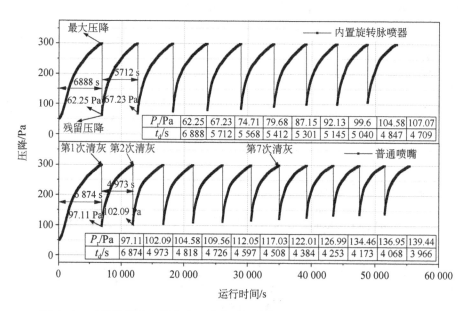

图 5-30 内置旋转脉喷器和普通喷嘴进行清灰时滤筒压降随时间的演化曲线

注:t_d 表示清灰周期,单位为 s;P_r 表示清灰后滤料残留过滤阻力,单位为 Pa。

本实验中最大压降设置为 300 Pa,两种清灰方式下清灰周期 t_d 都随着过滤时间的增加而减小,清灰周期越小,压降上升越快。15 h 内,安装内置旋转脉喷器和普通喷嘴的滤筒的脉冲喷吹清灰次数分别为 9 和 11。安装内置旋转脉喷器的滤筒的平均清灰周期为 5 402 s,安装普通喷嘴的滤筒的平均清灰周期为 4 668 s。安装内置旋转脉喷器的滤筒减少了脉冲喷吹的次数,延长了脉冲喷吹周期,一方面有利于降低清灰能耗,另一方面降低了脉冲喷吹对滤筒的损坏。

安装内置旋转脉喷器的滤筒的残留压降分别为 62.25 Pa、67.23 Pa、74.72 Pa、79.68 Pa、87.15 Pa、92.13 Pa、99.60 Pa、104.58 Pa 和 107.07 Pa,而安装普通喷嘴的滤筒的残留压降分别为 97.11 Pa、102.09 Pa、104.58 Pa、109.56 Pa、112.05 Pa、117.03 Pa、122.01 Pa、126.99 Pa、134.46 Pa、136.95 Pa 和 139.44 Pa。显然,残留压降随着清灰次数的增加也出现增加的现象,这表明随着清灰操作的进行残留粉尘的质量和不均匀程度增加[180]。

如图 5-31 所示,安装内置旋转脉喷器的滤筒的平均残留压降是 86.04 Pa,低于安装普通喷嘴的滤筒的平均残留压降 118.39 Pa。这表明安装内置旋转脉喷器提高了脉冲喷吹清灰强度,清灰效果优于普通喷嘴。安装内置旋转脉喷器的滤筒的平均压降为 232.52 Pa,低于安装普通喷嘴的滤筒的平均压降 243.01 Pa,这正是内置旋转脉喷器清灰效果更优的结果。影响除尘器性能的因素主要有压降和粉尘排放浓度,压降作为衡量除尘器运行阻力的指标,对监测除尘器过滤清灰能量消耗起到重要的作用,但其不能作为评价除尘器性能的唯一标准,除尘器出口粉尘排放浓度是另一项必须监测的指标,下文将探讨两种清灰方式对粉尘排放浓度的影响。

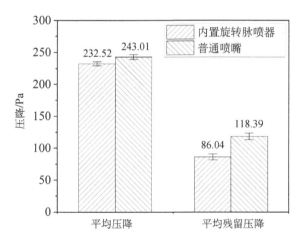

图 5-31　两种清灰方式的除尘器连续运行 15 h 的平均压降和平均残留压降

4)粉尘排放浓度对比

在压降测试的过程中,同时检测除尘器出口的粉尘排放浓度,比较滤筒安装内置旋转脉冲器和安装普通喷嘴两种方式时除尘器出口粉尘浓度变化,其结果如图 5-32 所示。在脉冲喷吹的瞬间,粉尘浓度急剧升高,清灰瞬间粉尘排放浓度的最大值被称为粉尘排放浓度峰值。如图 5-32 所示,对于两种清灰方式,在过滤阶段(不包括脉冲清灰阶段)粉尘排放浓度都低于 3 mg/m³,能够较稳定地维持过滤的进行。安装有内置旋转脉喷器时除尘器出口粉尘排放浓度峰值分别为 16.75 mg/m³、15.41 mg/m³、14.53 mg/m³、14.37 mg/m³、13.68 mg/m³、13.73 mg/m³、13.57 mg/m³、13.59 mg/m³ 和 13.42 mg/m³,

即粉尘排放浓度峰值随着清灰次数的增加呈降低趋势。安装有普通喷嘴的除尘器粉尘排放浓度峰值变化具有相同的规律。这可能是因为随着过滤的进行,滤料堵塞越严重,越不容易将附着的粉尘清除掉,除尘器出口粉尘排放浓度峰值随之降低。

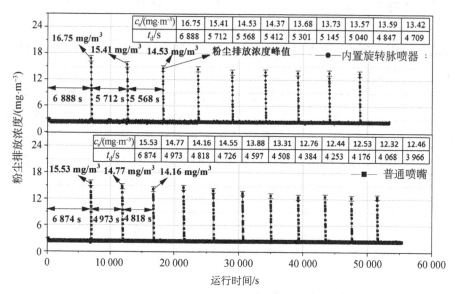

图 5-32　两种清灰方式的除尘器出口粉尘浓度随时间的变化

注:c_e 表示粉尘排放浓度,单位为 mg·m^{-3};t_d 表示清灰周期,单位为 s。

由图 5-33 可知,安装内置旋转脉喷器和普通喷嘴的除尘器在运行 15 h 后,除尘器出口粉尘排放浓度峰值平均值分别为 14.36 mg/m³ 和 13.52 mg/m³。安装内置旋转

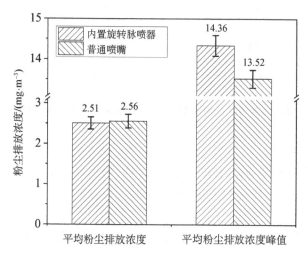

图 5-33　两种清灰方式的除尘器连续运行 15 h 的平均
粉尘排放浓度和平均粉尘排放浓度峰值

脉喷器时除尘器出口粉尘排放浓度峰值平均值大于相应的安装普通喷嘴时除尘器出口粉尘排放浓度峰值平均值。这是因为安装内置旋转脉喷器提高了脉冲喷吹清灰强度。此外,安装内置旋转脉喷器和普通喷嘴时,除尘器出口平均粉尘排放浓度分别为 2.51 mg/m³ 和 2.56 mg/m³。因此,安装内置旋转脉喷器时除尘器出口粉尘排放浓度总和低于安装普通喷嘴时除尘器出口粉尘排放浓度总和,这主要是因为内置旋转脉喷器降低了脉冲喷吹清灰频率。

综上可知,相对于安装普通喷嘴,安装内置旋转脉喷器后,滤筒的平均压降降低了 10.49 Pa,除尘器出口平均粉尘排放浓度降低了 0.05 mg/m³,压降和粉尘排放浓度两个指标都显示安装内置旋转脉喷器后提高了除尘器的性能。

5.2.5 实验小结

本节研发了内置旋转脉喷器,并研究了内置旋转脉喷器和普通喷嘴对除尘器过滤和脉冲喷吹清灰性能的影响。主要结论如下:

(1)设计了用于大口径褶式滤筒脉冲喷吹清灰的内置旋转脉喷器。在相同过滤风速条件下,安装内置旋转脉喷器的滤筒的压降与不安装内置旋转脉喷器的滤筒相似。内置旋转脉喷器的旋转次数随着压缩空气的增加而增加,脉喷器转数随脉冲宽度的增加先增加后趋于稳定,脉喷器转数与残留压降成反比,与清灰效率成正比。普通喷嘴的脉冲喷吹清灰效果受喷嘴直径和喷吹距离的影响,最优喷吹距离随喷嘴直径的增大而减小。最后通过对残留压差的测量,得到了普通喷嘴的最优直径和最优喷吹距离。

(2)与普通喷嘴相比,内置旋转脉喷器降低了除尘器脉冲喷吹清灰频率,延长了脉冲喷吹清灰间隔,降低了平均残留压降和平均压降。尽管粉尘排放浓度峰值平均值升高,但内置旋转脉喷器降低了平均粉尘排放浓度,即内置旋转脉喷器降低了平均粉尘排放浓度和平均压降。因此,内置旋转脉喷器作为一种新型的脉冲喷吹清灰方法,可以提高褶式滤筒除尘器的性能。

5.3 本章小结

本章针对分排滤筒之间及滤筒自身清灰不均匀的现象进行研究。首先,构建了喷吹管脉冲喷吹清灰实验系统,探究了喷吹管上各喷嘴下方瞬态压力及滤筒内壁静压特性,建立了最优喷吹距离指导公式,求解了最优孔管比范围,确立了喷吹管脉冲喷吹清灰优化模型,揭示了滤筒内部体积与脉冲喷吹清灰效果的关系,测试了喷吹管优化前后岩粉加载实验效果,评价了优化前后喷吹管综合性能。其次,设计了用于大口径滤筒脉冲喷吹清灰的内置旋转脉喷器,分析了旋转脉喷器工作原理,测试了旋转脉喷器自身阻力,探究了脉冲宽度和气包压力对内置旋转脉喷器转数的影响,揭示了转速与清灰效

率、残留压降之间的关系,对比了普通喷嘴和内置旋转脉喷器过滤清灰特性。本章主要结论如下:

(1)沿喷吹管气体喷出方向,喷嘴下方瞬态压力依次变大,滤筒内壁静压峰值也相应增加,有明显不均匀现象。滤筒内壁静压先从零快速增加变为正压,随后降为负压并缓慢恢复为零。无论是喷嘴下方瞬态压力还是滤筒内壁静压,都随气包压力的增加而增加。当喷嘴直径一定时,滤筒内壁静压峰值随脉冲喷吹距离的增加先增大后减小,即存在一个最优喷吹距离,通过建立数学模型得到喷嘴直径与最优喷吹距离之间的关系,在滤筒内径和喷嘴直径一定时,可求解最优喷吹距离,其随着喷嘴直径的增加而减小。

(2)在最优喷吹距离条件下,滤筒内壁复合压力沿喷吹管气体喷出方向逐渐增大,复合压力平均值随喷嘴直径的增加先增加后降低,通过实验分析得到喷吹管最优孔管比为 0.6~0.8,能显著提高清灰强度。通过对喷嘴进行优化,沿喷吹管气体喷出方向,喷嘴直径呈现由大到小逐渐减小的趋势,喷吹均匀性提高了约 4~8 倍。除此之外,在相同过滤面积条件下,滤筒内部体积对脉冲喷吹清灰效果有一定影响,在本节中单个滤筒内部体积为 0.008 8 m³ 时,即有 5 个喷嘴的喷吹管平均复合压力最大,清灰效果最优。

(3)喷嘴优化后,在相同清灰周期和相同过滤时间内,清灰瞬间粉尘排放浓度峰值都有所增加,但粉尘排放浓度平均值降低,同时,滤筒过滤阻力平均值降低、清灰周期增加。采用过滤性能指标对喷嘴优化前后除尘器性能进行综合评价,该指标综合考虑了除尘效率、运行功率和清灰能耗,优化后过滤性能指标增加,除尘器综合性能提高。

(4)设计了用于大口径褶式滤筒脉冲喷吹清灰的内置旋转脉喷器。在相同过滤速度条件下,安装内置旋转脉喷器的滤筒压降与不安装内置旋转脉喷器的滤筒压降相似。内置旋转脉喷器的旋转次数随着压缩空气的增加而增加,脉喷器转数随脉冲宽度的增加先增加后趋于稳定,脉喷器转数与残留压降成反比,与清灰效率成正比。普通喷嘴的脉冲喷吹清灰效果受喷嘴直径和喷吹距离的影响,最优喷吹距离随喷嘴直径的增大而减小。最后通过对残留压差的测量,得到了普通喷嘴的最优直径和最优喷吹距离。与普通喷嘴相比,内置旋转脉喷器降低了平均粉尘排放浓度和平均压降。因此,内置旋转脉喷作为一种新型的脉冲喷吹清灰方法,可以提高脉冲滤筒除尘器的性能。

6 隧道施工粉尘过滤净化技术工业应用

施工隧道分类方法多样,可按照长度、断面积大小、隧道地质条件和隧道用途等进行分类,其主要分类如下:

1) 按隧道长度分类

(1) 铁路隧道

特长隧道(全长>10 000 m)、长隧道(3 000 m<全长≤10 000 m)、中隧道(500 m<全长≤3 000 m)和短隧道(全长≤500 m)。

(2) 公路隧道

特长隧道(全长>3 000 m)、长隧道(1 000 m<全长≤3 000 m)、中隧道(500 m<全长≤1 000 m)和短隧道(全长≤500 m)。

2) 按隧道所处地质条件分类

土质隧道和石质隧道。

3) 按隧道断面积大小分类

特大断面隧道(断面积>100 m^2)、大断面隧道(50 m^2<断面积≤100 m^2)、中断面隧道(10 m^2<断面积≤50 m^2)、小断面隧道(3 m^2<断面积≤10 m^2)和极小断面隧道(2 m^2<断面积≤3 m^2)。

4) 按隧道用途分类

交通隧道、水工隧道、市政隧道以及矿山隧道。

不同类型隧道其施工工艺存在差异,除尘方法也不尽相同,下面以长隧道、特大断面京沈高铁朝阳隧道和中隧道、中断面青岛地铁 8 号线海底隧道为例,利用干法过滤除尘技术对隧道施工现场粉尘灾害进行治理。

6.1 长大隧道钻爆法施工中粉尘治理应用

6.1.1 京沈高铁朝阳隧道概况

京沈高铁是北京至沈阳铁路客运专线,线路起点为北京站,途经承德市、朝阳市、阜新市后与沈阳站连接。朝阳隧道是京沈高铁线路的一段,位于中国辽宁省朝阳市龙城区境内,全长 6 750 m,断面积约为 107 m^2,由中铁四局承包施工。朝阳隧道按隧道长度分类属于长大隧道,按隧道断面积大小分类属于特大断面隧道。朝阳隧道结构示意图如图 6-1 所示，其进口位于林仗子，紧邻国道 G101 旁，出口位于水泉村，紧邻朝阳市环城公路。隧道面呈半圆拱形，隧道断面宽约 12.6 m，高约 8.5 m。在图 6-1 中点 B 和点 C 处各设置一座斜井，其中 1# 斜井长度 300 m，最大纵坡 9%，与主线隧道成 55° 斜交，施工完成后作为永久逃生通道保留；2# 斜井长度 385 m，最大纵坡 10%，与主线隧道成 73° 斜交。斜井位于郝家村内与 G101 国道相通。

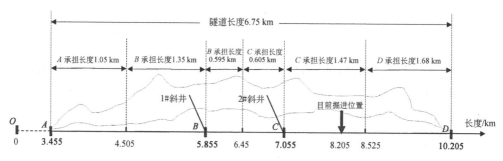

图 6-1　朝阳隧道结构示意图

目前，2# 斜井沈阳方向已经进尺 1 150 m，设计承担长度剩余 320 m。2# 斜井沈阳方向进风采用压入式通风，在 2# 斜井入口处安装有一台压入式主风机（简称"主风机"，功率为 2×110 kW，风量为 2 850 m³/min）。在距离 2# 斜井出口约 700 m 处安装有一台压入式接力风机（简称"辅助风机"，功率为 2×110 kW，风量为 2 850 m³/min），风筒直径为 1.5 m，主风机风筒出口末端与接力风机入口没有闭合，留有 0.5 m 间距。2# 斜井入口、隧道内辅助风机及隧道内环境如图 6-2 所示。

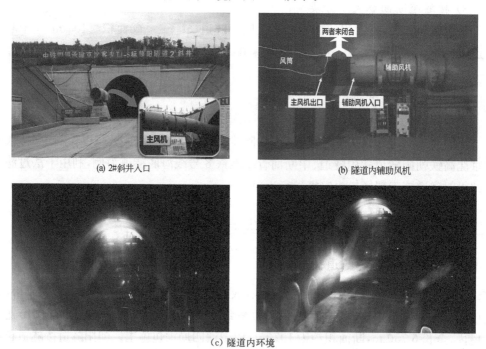

图 6-2　朝阳隧道现场

6.1.2 朝阳隧道钻爆法施工主要产尘源

京沈高铁朝阳隧道采用钻爆法施工,首先对岩体进行破碎,采用挖掘机清理石碴,之后对隧道壁面进行二次衬砌,爆破产生的碎石碴等废弃物则通过卡车运出隧道。隧道内主要产尘来源有:①爆破产尘:掌子面(掘进面)放炮时造成岩体大量破碎产生的岩粉以及放炮产生的烟气。②二次衬砌产尘:在掌子面后喷射混凝土(含有水泥、砂、石子、水和一定数量的添加剂)进行填补支撑围岩,喷射阶段产生大量粉尘。③出碴产尘:利用卡车等运输设备装载、输送石碴及堆积石碴和岩土等废弃物的过程中产生的粉尘,以及卡车等设备产生的燃油尾气。

隧道内原有通风方式如图 6-3 所示,在 2♯斜井井口主风机作用下,隧道外新鲜空气经主风机和风筒进入隧道内,由于隧道内除通风排尘外无其他除尘措施,加之辅助风机入口没有和主风机风筒出口闭合连接,辅助风机不仅会吸入主风机风筒出口流出的新鲜空气,还会吸入从掌子面回流的污风,造成隧道内粉尘弥漫、聚集难以排出。衬砌台车后方环境如图 6-2(c)所示,对工人健康及设备安全运行造成极大危害。

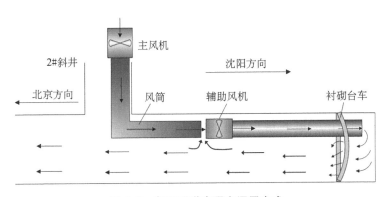

图 6-3　朝阳隧道内原有通风方式

辅助风机风筒出风口排出的气体与隧道掌子面爆破、衬砌、出碴产生的粉尘以及燃油设备产生的尾气混合形成污风沿隧道回流,回流至辅助风机处部分污风再次被辅助风机吸入,导致污风难以排出隧道,辅助风机到掌子面之间的隧道内含尘含烟污风被循环使用,污风在循环过程中使粉尘浓度不断提高。此外,运输卡车、罐车、挖掘机等燃油设备在隧道内不断产生大量尾气,由于污风无法排出,烟气聚集不断增多,巷道环境恶化,引起工人身体不适。

经测试,隧道内台车后全尘浓度在 300 mg/m³ 左右,收集隧道内岩石粉尘,并用粒度分析仪做岩粉粒径测试,测试结果如图 6-4 所示。隧道内岩粉粒径主要集中在 0.818~13.08 μm 之间,粒径小于 7 μm 的岩粉累计质量百分比在 85% 以上,即岩粉中呼吸性粉尘占全尘质量的 85% 以上。若长期吸入含有一定浓度的游离二氧化硅粉尘易引起以肺部组织纤维性病变为主的全身性疾病——尘肺病。运输卡车、罐车、挖掘机等燃油设备排放的尾气中有固体悬浮微粒、一氧化碳、碳氢化合物、氮氧化合物、铅及硫氧化合物等,尾气聚集浓度过高时,易引发呼吸系统疾病,危害中枢神经系统。

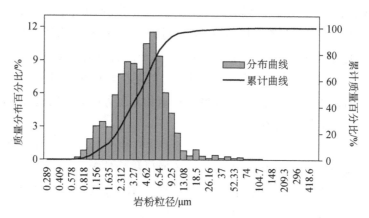

图 6-4　隧道内岩粉粒径分布

6.1.3　钻爆法施工干法过滤除尘方法

新鲜空气通过压入式主风机从 2# 斜井井口压入掌子面,为整个隧道施工提供新鲜空气。未使用干法过滤除尘系统时,衬砌台车后方视线模糊、粉尘烟气弥漫、循环风严重、空气流动缓慢甚至停滞,严重危害工人身体健康。因此,本节提出了长大隧道施工作业中干法过滤除尘方法,其除尘流程如图 6-5 所示。

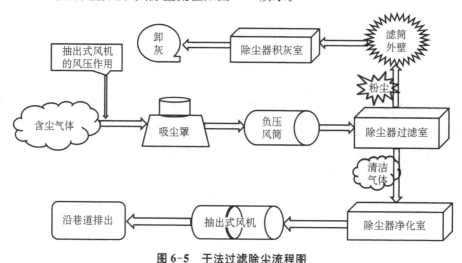

图 6-5　干法过滤除尘流程图

干法过滤除尘系统主要由壳体、过滤系统、清灰系统、卸灰系统、动力系统等组成,利用隧道内现有高压电、高压气作为运行动力和清灰动力。首先,脉冲滤筒除尘器移动到需要除尘的位置,开启抽出式风机,含尘气体在抽出式风机的负压作用下被吸入吸尘罩,经负压风筒进入过滤室;其次,含尘气体中部分大颗粒粉尘由于重力作用发生主动沉降,微细粉尘颗粒则在过滤室内被捕集到滤筒外壁,穿过滤筒壁面的气体进入净气室,并经抽出式风机排出;随着除尘的进行,沉积在滤筒表面的粉尘层厚度逐渐增加,阻力也随之增加,当滤筒表面阻力达到一定值时,启动清灰系统,气包里的压缩空气通过喷吹管喷嘴高速喷入滤筒内部,滤筒外壁沉积粉尘被吹落至底部;最后,开启刮板输送机,将集尘箱底部粉尘输送到卸灰插板阀处,通过抽拉卸灰插板阀将收集的粉尘排出除尘箱体。

6.1.4 钻爆法施工干法过滤除尘系统

图 6-6 是自行研发的干法过滤除尘系统实物图,主要包括壳体、过滤系统、清灰系统、卸灰系统、抽出式风机、花板、导流板等。干法过滤除尘系统尺寸为 7 040 mm×1 300 mm×1 050 mm(长×宽×高),总质量 2 000 kg,进风口直径 600 mm,出风口直径 600 mm,抽出式风机为 FBCD No5.6/2×11(额定电压 380/660 V,额定功率 22 kW,额定风量 200～280 m³/min),滤筒数量 100 个,总过滤面积 240 m²,脉冲阀 20 个,气源压力 0.5～0.7 MPa,刮板输送机电机型号为 YBK2-80M2-2(额定电压 380/660 V,额定功率 0.75 kW)。除尘系统主要技术参数总结于表 6-1 中。

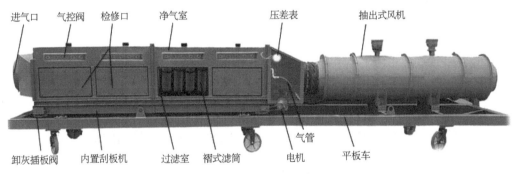

图 6-6 干法过滤除尘系统实物图

表 6-1 除尘系统主要技术参数

项目	参数	项目	参数	项目	参数
净化风量/(m³·min⁻¹)	200～280	滤筒个数/个	100	风机型号	FBCD No5.6/2×11
噪声/dB	≤80	风筒直径/mm	600	主箱体尺寸(长×宽×高)/mm	3 600×1 300×1 050
过滤精度/μm	5～15	气源压力/MPa	0.5～0.7	滤筒尺寸(外径×内径×高)/mm	ϕ145×ϕ80×600

（续表）

项目	参数	项目	参数	项目	参数
过滤面积/m²	240	喷吹通道/路	20	滤筒材质	316 不锈钢
总质量/kg	2 000	额定功率/kW	22	风机尺寸（长×宽×高）/mm	3 000×580×870

过滤系统主要包括褶皱式金属网滤筒,实物图如图 6-7 所示。在外形尺寸大小相同的条件下,褶皱式结构能有效增加滤筒过滤面积、缩小除尘器体积。滤筒采用三螺栓连接方式固定,滤筒尺寸为 $\phi145$ mm×$\phi80$ mm×600 mm(外径×内径×高),过滤精度为 5~15 μm,褶皱数为 60,褶深 34 mm,单个滤筒过滤面积为 2.4 m²。金属网滤料除了起到支撑作用外,还具有良好的阻燃、防静电效果,可提高滤筒的使用寿命。在干法过滤除尘系统运转初期滤筒上粉尘很少,初始过滤效率较低。脉冲滤筒除尘器运转数分钟后在滤筒外表面形成很薄的粉尘层,厚度约为 0.3~0.5 mm,被称为一次粉尘层,在一次粉尘层上沉积的粉尘被称为二次粉尘层。金属网滤筒的过滤主要是依赖一次粉尘层进行的,滤料主要起到形成粉尘初层和支撑粉尘初层的作用[249]。

图 6-7　褶皱式金属网滤筒实物图

图 6-8(a)~(c)分别为不同状态下滤料在扫描电镜下放大 1 000 倍的图像,图 6-8(a)为未使用的金属网滤料扫描电镜图,此时滤料表面平整无异物,可以清晰地观察到金属丝纤维有规律地编制在一起,纤维与纤维之间紧密结合,纤维间隙最大为

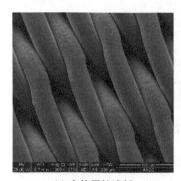

(a) 未使用的滤料　　　　(b) 一次清灰的滤料　　　　(c) 彻底清灰的滤料

图 6-8　3 种状态下滤料扫描电镜图

15 μm;图 6-8(b)为金属网滤料使用后并进行一次清灰的扫描电镜图,此时滤料表面纤维被粉尘覆盖,纤维间隙布满粉尘颗粒;图 6-8(c)为金属网滤料使用并彻底清灰后的扫描电镜图,此时滤料表面有极少粉尘,纤维间隙尚未完全堵塞,纤维间较一次清灰滤料仍存在较大纤维间隙。可认为使用后进行一次清灰后清除的是二次粉尘层,残留的粉尘为一次粉尘层,彻底清灰时则破坏了一次粉尘层,在综合考虑过滤精度和过滤阻力的情况下,一次清灰的过滤效果最优。

如图 6-9 所示,清灰系统由脉冲阀、先导阀、喷嘴、喷吹管、气包、橡胶管等组成。气控脉冲阀型号为 SMF-Q-20(工作压力 0.3～0.8 MPa),先导阀型号为 CM3PM-08(工作压力 0～1 MPa),气包容量 10 L,喷吹管为一根无缝耐压管,内径 28 mm,外径 31 mm,长度 1.2 m,喷吹管上面按滤筒数量开有若干喷吹孔,喷吹孔处安装有喷嘴,喷嘴直径与喷吹孔直径相同。清灰系统是干法过滤除尘器中的重要组成部分,良好的设计有利于提高清灰效率,降低清灰频率,节约能耗,延长滤筒寿命。利用第 5 章喷吹管优化结果设定该除尘系统喷嘴直径大小,沿喷吹管气体流动方向,喷嘴直径分别为11.5 mm、10.5 mm、10 mm、9.5 mm 和 9 mm。

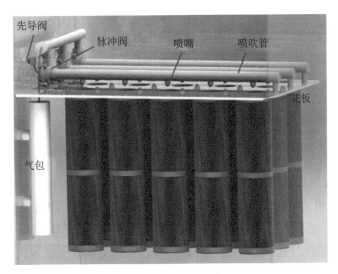

图 6-9 清灰系统示意图

除尘器箱体底部安装有卸灰装置,主要包括刮板输送机和卸灰插板阀。刮板输送机由电机驱动,卸灰插板阀位于箱体两侧,整个卸灰系统采用刮板输送机收尘、卸灰插板阀卸灰,能有效降低装置高度、增加除尘器的气密性。此外,卸灰插板阀采用分段镂空插板阀,密封板之间镂空连接,能将插板阀抽出距离缩短 4/5,减小了卸灰操作距离。挡灰板焊接固定在卸灰底板上,当向外拉动卸灰插板阀时,挡灰板拦截插板阀密封板上的粉尘,使密封板上的粉尘落入镂空区;推灰板焊接在密封板一侧,当向外拉动卸灰插板阀时,推灰板将卸灰底板上的粉尘推入镂空区,分段镂空插板阀卸灰状态与密封状态如图 6-10 所示。

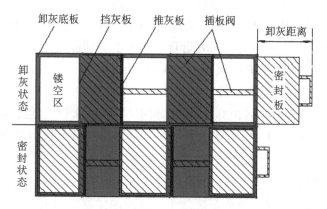

图 6-10　分段镂空插板阀卸灰状态与密封状态

　　干法过滤除尘系统入风口连接直径 600 mm、长 6 m 的风筒,风筒前端连接集气吸尘罩,吸尘罩尺寸为 1 000 mm×500 mm(长×宽)。抽出式风机出口与直径 600 mm 的风筒连接,风筒长度根据需求可自行调整,此处选用长 5 m 的风筒,风筒由移动支架支撑,起到方便移动的作用。干法过滤除尘系统气包通过直径 30 mm 的橡胶管与高压气源连接,抽出式风机和刮板机电机与 660 V 电源连接。为提高除尘系统的适用性,便于移动,将除尘系统主箱体和抽出式风机固定于平板车上。

6.1.5　干法过滤除尘系统性能测试

　　1) 实验系统

　　参照《矿用除尘器通用技术条件》(MT/T 159—2019)[250] 搭建实验系统,其示意图如图 6-11 所示,相关实物如图 6-12 所示。实验系统主要包括除尘器本体、抽出式风机和连接管等,除尘器本体与抽出式风机之间通过连接管(直径 600 mm、长 2 m 的铁风筒)连接,除尘器进风口连接有进气管(直径 600 mm、长 6 m 的铁风筒),进气管前端安装有集流器,除尘器出风口连接有出气管(直径 600 mm、长 7.2 m 的铁风筒)。

　　此外,实验系统还包括给粉机(φ114/1.5 型,给粉速率范围 0~3.3 kg/min,误差小于 3%,精度为 0.24 kg/min)、采样管(采样管为 L 形,采样嘴内径 6 mm)、采样漏斗(可打开,内部可装入直径 40 mm 的滤膜)、测压嘴(测压嘴底部内径 2 mm,顶部内径 4 mm,4 个测压嘴均匀分布于进气管前段同一截面,垂直于管壁)、皮托管、玻璃转子流量计(LZB-15 型,量程为 0.25~2.5 m³/h,精度为 0.05 m³/h)、抽气泵(2XZ-4A 型,抽气速率为 14.4 m³/h)、空盒气压表(DYM3 型,量程为 0.8×10⁵~1.06×10⁵ Pa,精度为 100 Pa)、数位式压差计(AZ8205 型,量程为 0~34.47 kPa)、玻璃水银温度计(ZX-0.1 型,量程为 0~100 ℃,精度为 0.1 ℃)、粉煤灰(粒径小于 74 μm,其中小于 10 μm 的占 14%

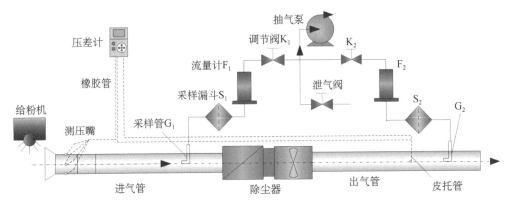

图 6-11　实验系统示意图

左右,小于 30 μm 的占 48% 左右)、调节阀(调节玻璃转子流量计气体流量)、泄气阀(调节抽气泵抽气量)、滤膜(丙纶纤维材质,直径 40 mm)、电子分析天平(JJ124BC 型,量程为 0~120 g,精度为 1 mg)。

图 6-12　实验系统相关实物图

2）处理风量测定

开启抽出式风机，待系统运行稳定后，用空盒气压表测定实验地大气压力值，用玻璃水银温度计测量实验系统入口处、出口处管道中温度；压差计"－"接头通过橡胶管与进气管入风口 450 mm 处的 4 个测压嘴连接测量相对静压；压差计"＋"接头通过橡胶管与皮托管全压口连接，同时压差计"－"接头通过橡胶管与皮托管静压口连接，皮托管置于出气管测压孔（距抽出式风机出风口 6 m）内测量出口处风流动压。测量数据如表6-2 所示，除尘器入口风量、出口风量和漏风率可分别由式（6-1）、式（6-2）和式（6-3）[250]计算：

$$Q_{in} = 18.866 \alpha \varepsilon_p d_{in}^2 \sqrt{\Delta P (273.15 + t_{in})/P_a} \cdot 60 \tag{6-1}$$

$$Q_{out} = 18.866 d_{out}^2 \sqrt{P_d (273.15 + t_{out})/P_a} \cdot 60 \tag{6-2}$$

$$\Omega = (Q_{out} - Q_{in})/Q_{in} \cdot 100 \tag{6-3}$$

式中：Q_{in} ——除尘器入口风量，m^3/min；

d_{in} ——前端管道内径，m；

$\alpha \varepsilon_p$ ——复合系数，此处采用锥形进口集流器，$\alpha \varepsilon_p = 0.96$；

ΔP ——风管进口 $0.75 d_{in}$ 处的相对静压，Pa；

P_a ——实验地大气压力，Pa；

t_{in} ——进口处温度，℃；

t_{out} ——出口处温度，℃；

Q_{out} ——除尘器出口风量，m^3/min；

d_{out} ——后端管道内径，m；

P_d ——测量截面处的平均动压，Pa；

Ω ——漏风率，%。

表 6-2　除尘器风量相关测量数据

参数	实验地大气压力/Pa	入口处温度/℃	出口处温度/℃	进气管相对静压/Pa	出气管动压/Pa
测量值	99 830	34.5	36.1	82.32	94.65
	—	34.5	36.2	83.79	93.22
	—	34.6	36.2	89.67	90.35
	—	—	—	91.14	91.79
平均值	99 830	34.53	36.17	86.73	92.50

此方法测量除尘器入口、出口流量，能有效规避风速表测量误差，提高测量精确度，由表6-2和式（6-1）～（6-3）计算得除尘器入口风量为 202.26 m^3/min，出口风量为

218.15 m³/min,漏风率为 7.86%。

3）除尘效率测定

称量空白滤膜质量,将空白滤膜放入采样漏斗内并密封,开启抽出式风机,待系统运行稳定后,打开抽气泵,通过调整调节阀使得玻璃转子流量计 F_1 和 F_2 读数始终为 1.2 m³/h,使得采样管和管道内的气体流速相等,开启给粉机使得给粉速率为 240 g/min 并开始计时,120 s 后同时关闭给粉机、风机和抽气泵,再次称量滤膜质量。

采用滤膜称重测尘法,同时采集除尘器进气管和出气管中的粉尘 8 次,除尘器进气管和出气管中所测滤膜质量见表 6-3,除尘器前后端管道中粉尘浓度可由式(6-4)计算:

$$c_{in} \text{或} c_{out} = (m_{down} - m_{up})/q \cdot 3\,600/t \tag{6-4}$$

总尘除尘效率可由式(6-5)计算:

$$\eta = (c_{in} - c_{out})/c_{in} \times 100 \tag{6-5}$$

式中:m_{up} ——采样前滤膜质量,mg;

m_{down} ——采样后滤膜质量,mg;

q ——采样所用流量,m³/h;

t ——采样所用时间,s;

η ——总尘除尘效率,%。

此测尘方法较测尘仪直接测尘更精确,由表 6-3 和式(6-4)、式(6-5)可得,$c_{in} = 244.42$ mg/m³、$c_{out} = 3.88$ mg/m³,除尘器本体全尘除尘效率为 98.41%。

表 6-3　除尘器前后端管道滤膜质量　　　　　　　　　单位:mg

位置		采集粉尘前滤膜质量		采集粉尘后滤膜质量	
前端	测量值	661.3	663.7	686.6	679.2
		663.4	660.3	692.5	687.4
		661.8	662.9	683.7	675.5
		660.1	659.2	684.2	686.1
	平均值	661.588		684.400	
后端	测量值	663.4	660.1	663.7	660.4
		661.8	659.3	662.2	660.2
		660.6	662.7	660.8	663.1
		663.0	661.6	663.2	661.8
	平均值	661.563		661.925	

6.1.6 现场应用

朝阳隧道衬砌台车前方可用空间较小且地面起伏较大,除尘系统难以安置,因此,将干法过滤除尘系统置于衬砌台车后方,当衬砌台车前移时,靠外力拉动除尘器前移,现场布置示意图如图 6-13 所示,除尘器进风口与柔性骨架风筒连接,风筒末端连接集气吸尘罩,增大进气口面积,实现更有效吸尘。现场应用如图 6-14 所示。分别在隧道掌子面放炮、衬砌台车喷浆、掌子面出碴 3 种不同作业环境下进行实验。

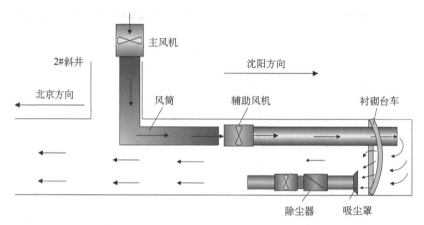

图 6-13　干法过滤除尘系统现场布置示意图

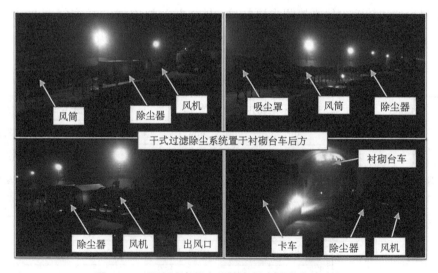

图 6-14　干法过滤除尘系统在长大隧道内的应用

首先,在喷浆作业条件下,除尘器吸尘罩置于喷浆点后 3 m 处,并随喷浆点变化而移动,选用 CCZ-1000 直读式测尘仪(常熟市德虞矿山机电有限公司)进行全尘和呼尘浓度测量,测尘点分别选在除尘器吸尘罩前 1 m 处和风机出口处,距地面 1 m 高,每个测尘点测试 3 次,每次测试 60 s。在不同日期所测得的数据如图 6-15 所示。在使用过程中,干法过滤除尘器出口处粉尘浓度变化很小,粉尘浓度能够控制在 6 mg/m³ 以下,设备运行稳定。经除尘器过滤后,全尘平均浓度由 285.4 mg/m³ 降为 5.33 mg/m³,呼尘平均浓度由 237.8 mg/m³ 降为 5.08 mg/m³。根据式(6-5)可计算得到现场应用中除尘器本体全尘除尘效率和呼尘除尘效率分别为 98.13% 和 97.86%。由于在不同施工条件下干法过滤除尘器本体全尘除尘效率变动较小,因此此处将衬砌台车喷浆作业时测得的除尘效率作为干法过滤除尘器本体全尘除尘效率。全尘除尘效率现场测试值 98.13% 低于实验测定值 98.41%,这主要因为在现场应用过程中隧道内少量含尘气体与除尘器出口气体混合,使得除尘器出口粉尘浓度增加。

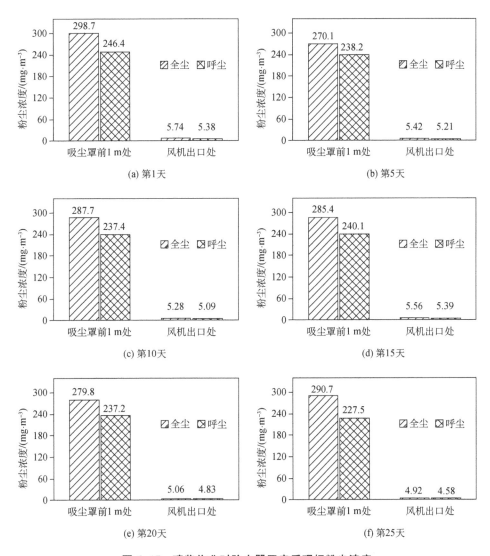

图 6-15 喷浆作业时除尘器开启后现场粉尘浓度

注:图 6-15(a)～(f)分别为脉冲滤筒除尘器运行第 1、5、10、15、20 和 25 天时所测粉尘浓度平均值。

　　为了进一步证明除尘器除尘效果,衬砌台车喷浆作业时开启除尘器,在除尘器出口后方布点进行粉尘浓度测量,测尘点选在除尘器出口后方 0~20 m 范围内,距地面高度1 m,每点测量 3 次,每次测尘时间为 60 s。如图 6-16 所示为喷浆作业时除尘器出口后方中心线上粉尘浓度分布。除尘器出口处粉尘浓度最低,随着出口后方距离的增加,粉尘浓度逐渐增加。由图 6-15 和 6-16 可知,除尘器有效降低了喷浆作业时除尘器出口后方粉尘浓度。随着出口距离的增加,除尘系统出口全尘浓度由 5.33 mg/m³ 逐渐增加,在除尘器出口后方 13 m 处达到 29.56 mg/m³,随后趋于相对稳定状态。同样地,呼尘浓度由 5.08 mg/m³ 逐渐增加,在除尘器出口后方 14 m 处达到 28.86 mg/m³,并趋于相对稳定状态。

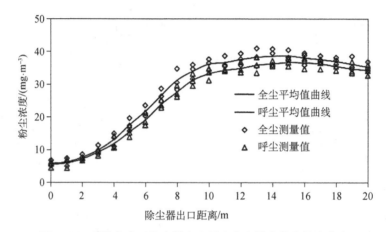

图 6-16　喷浆作业时除尘器出口后方中心线上粉尘浓度分布

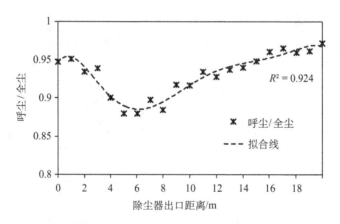

图 6-17　喷浆作业时除尘器出口后方中心线上"呼尘/全尘"

　　由图 6-17 可知,"呼尘/全尘"(呼吸性粉尘质量占总粉尘质量的比例)在除尘器出口后 0~5 m 逐渐减小,在 5~20 m 逐渐增加。这主要是因为含尘气体经除尘器过滤后,气体中大颗粒粉尘被滤筒过滤掉,使得出口处呼尘占全尘比例最大,随后出口气体与部分未吸入除尘器的气体混合,造成0~5 m内呼尘占全尘比例降低;5~20 m内含尘气体在流动过程中,大颗粒粉尘由于碰撞、惯性作用等逐渐沉降,使得呼尘占全尘比例缓慢增加。

根据上述分析,除尘器出口后方15 m处粉尘浓度处于稳定状态,因此将除尘器出口后方15 m处的除尘效率作为干法过滤除尘系统的除尘效率。在1个月内,分别在掌子面放炮、衬砌台车喷浆、掌子面出碴3种不同的操作环境下,在除尘器出口后方15 m处对粉尘浓度进行测量,测量数据如图6-18所示,测量数据相对稳定,具有可重复性。

掌子面放炮时,全尘、呼尘平均浓度分别由314.20 mg/m³和286.41 mg/m³降为48.20 mg/m³和46.12 mg/m³;衬砌台车喷浆时,全尘、呼尘平均浓度分别由253.41 mg/m³和226.73 mg/m³降为29.97 mg/m³和28.85 mg/m³;掌子面出碴时,全尘、呼尘平均浓度分别由285.91 mg/m³和251.59 mg/m³降为50.22 mg/m³和47.23 mg/m³。由式(6-5)可计算求得3种作业环境下干法过滤除尘系统的全尘除尘效率分别为84.66%、88.17%和82.40%,呼尘除尘效率分别为83.90%、87.28%和81.23%。3种作业环境下,衬砌台车喷浆时除尘效率最高,掌子面放炮次之,掌子面出碴时除尘效率最低,这主要是因为衬砌台车喷浆作业时产尘点距离吸尘罩近,粉尘未完全扩散就被吸入除尘器;而掌子面放炮产生的粉尘到达吸尘罩时已经完全扩散,气体净化有限;掌子面出碴时运输卡车将隧道底部沉降的粉尘再次扬起,污染了净化气体,使粉尘在隧道内弥漫,故除尘效率最低。

图6-19为喷浆时除尘器开启前后衬砌台车后方隧道内环境对比,可以看出除尘器开启后隧道内可见度明显增加,干法过滤除尘技术在不消耗水的前提下,有效改善了长大隧道内的作业环境。

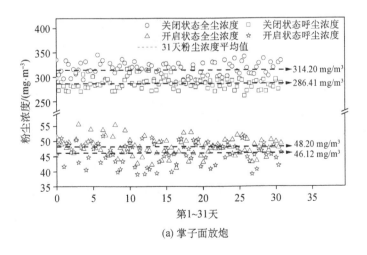

(a) 掌子面放炮

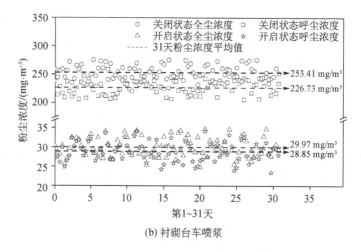

(b) 衬砌台车喷浆

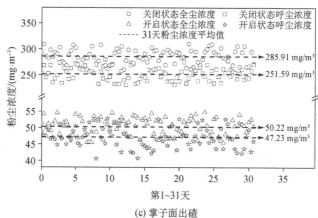

(c) 掌子面出碴

图 6-18 除尘器后 15 m 处隧道内粉尘浓度

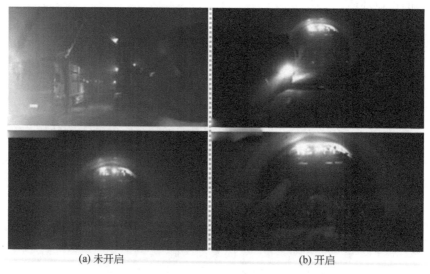

(a) 未开启　　　　　　　　　　　　　(b) 开启

图 6-19 喷浆时衬砌台车后方隧道内环境对比

6.1.7　长大隧道钻爆法施工中粉尘治理小结

长大隧道钻爆法施工过程中产生大量岩石粉尘,其中 85% 以上为呼吸性粉尘。传统的喷雾洒水技术在长大隧道施工中效果甚微,通过通风来稀释和消除隧道施工中产生的粉尘是难以实现的。因此,本节提出了干法过滤除尘新技术用以解决长大隧道钻爆法施工中粉尘污染问题。

(1) 设计了用于长大隧道施工除尘的干法过滤除尘方法和系统。该系统为长箱体结构,采用褶皱式金属网滤筒过滤、气控脉冲喷吹清灰和刮板输送机收集粉尘,利用隧道内现有高压电、高压气作为运行、清灰和卸灰动力。通过实验室测试得到干法过滤除尘器本体全尘除尘效率为 98.41%,入口风量为 202.26 m^3/min,出口风量为 218.15 m^3/min,漏风率为 7.86%。

(2) 朝阳隧道现场应用结果表明干法过滤除尘器本体全尘、呼尘除尘效率分别为 98.13%、97.86%,除尘器在现场应用中过滤性能良好。在掌子面放炮、衬砌台车喷浆和掌子面出碴 3 种不同施工环境下全尘、呼尘除尘效率都在 80% 以上,衬砌台车喷浆时干法过滤除尘系统的除尘效果最优,其全尘除尘效率为 88.17%,呼尘除尘效率为 87.28%,对呼吸性粉尘的净化效果尤为显著。

6.2　海底隧道 TBM 施工中粉尘治理应用

6.2.1　青岛地铁 8 号线海底隧道概况及 TBM 介绍

中铁二局青岛地铁 8 号线项目位于山东省青岛市高新区,是连接青岛主城区、红岛经济区与新建胶东国际机场的重要骨干线路。青岛地铁 8 号线全长 61.4 km,大青区间(大洋站至青岛北站)为青岛地铁 8 号线重要工程,隧道埋深在 40～60 m 之间,全长 7.9 km,穿越海域宽度约 5.2 km,前 3 869 m 采用矿山法施工,其中路域段长 1 332 m,海域段长 2 537 m,后 4 031 m 采用盾构法施工。

为了加快项目进度,对地铁 8 号线大青区间过海隧道方案进行了优化,增设 TBM (Tunnel Boring Machine) 平行辅助导洞用来增加大青区间矿山法施工的开挖面。TBM 是全断面隧道掘进机的简称,其结构示意图如图 6-20 所示。TBM 主机主要包括刀盘、前体、中体、盾尾、螺旋输送机、管片安装机构、皮带输送机和拖车等构件。刀盘是 TBM 的重要部件,刀盘的结构、强度、刚度和新旧会对隧道掘进的速度和成本造成直接影响,此外,刀盘出现故障时其维修困难很大;前体是开挖仓和挡土部分,位于 TBM 的最前端,结构为圆筒形;中体又叫支撑环,是 TBM 的主体结构部件,承受着作用于 TBM 上的所有荷载;盾尾的主要功能是掩护隧道内部管片拼装和保证盾尾的密封;螺旋输送机是掘进产生的渣土排出开挖舱的唯一通道,掘进时可以通过调整螺旋输送机形成的十塞密封前方开挖舱内的压力,有效抵御地下水;管片安装机构由大梁、支承架、旋转架和拼装头组成,负责管片的拼装;皮带输送机用于将螺旋输送机输出的渣土传送到隧道外部;盾构的拖车属门架结构,用来安装液压泵站、注浆泵、砂浆罐、电气设备等。

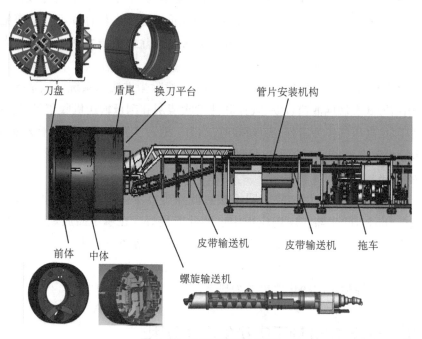

刀盘　盾尾　换刀平台　　　　管片安装机构

前体　中体　　　　　皮带输送机　　皮带输送机　　拖车

螺旋输送机

图 6-20　TBM 结构示意图

TBM 具有一次开挖完成隧道的特点,是集多功能于一体的综合性隧道开挖机械设备,具有施工过程中的开挖、出土、支护、注浆、导向、超前钻探等全部功能,开挖速度大约是传统钻爆法的 5 倍,能极大地缩短工期;缺点在于 TBM 完全模组化,只能按照开挖隧道特定的直径定做,开挖特定直径的隧道,购买成本超亿元,前期成本很高。

整个中铁二局青岛地铁 8 号线大青区间海底隧道开挖施工机械化、智能化水平很高,采用 CR45-9600-44 kW·h-C 型超级电容电机车(图 6-21)进行运料,具有能量携带大、充电速度快、使用寿命长和防溜车制动的优点;使用渣土皮带机输送系统(图 6-22),既能提高盾构施工工效,又能实现施工成本的节省,经济实用;使用真空抽浆系统(图 6-23),用来清理盾构掘进过程中盾构机及车架内部泥浆,替代了传统意义上的纯人工清理,在保证隧道干净卫生的同时节约了人力和物力。此外,工程还使用了二维码技术助力人员信息管理,利用多终端物资信息管理系统对现场物资材料实行条码系统扫码管理,对盾构管片、盾构区间等实行标准化管理,利用盾构远程监控大数据管理系统对开挖面进行实时监控。整个施工现场智能化程度较高,但施工产生的粉尘会降低隧道内机械电子设备的使用寿命,不利用设备正常运行。

图 6-21　超级电容电机车　　图 6-22　渣土皮带机输送系统　　图 6-23　真空抽浆系统

　　TBM 平行辅助导洞开挖面前部(图 6-24)设备紧凑,最前方为密封舱和换刀平台(图 6-25),后方连接推进设备(图 6-26)、管片安装设备(图 6-27)和主控室(图 6-28),可利用空间狭小,与煤矿巷道相比人行道(图 6-29)更窄、机械化程度更高。将 1♯竖井作为 TBM 导洞始发点向胶州湾海域延伸,TBM 导洞全长 2 110 m,与大青区间主隧道相距约 17 m。TBM 导洞下穿渤海胶州湾,穿越段以微风化凝灰岩和微风化安山岩为主,强度约为 30～50 MPa,局部近 70 MPa。TBM 平行导洞共穿越 3 条断层破碎带,F_7 断层影响宽度约 60 m,F_6 断层影响宽度约 40 m,F_5 断层影响宽度约 500 m。

图 6-24　开挖面前部　　　　　　　　图 6-25　密封舱和换刀平台

图 6-26　推进设备　　　　　　　　　图 6-27　管片安装设备

图 6-28 主控室   图 6-29 人行道

TBM 平行辅助导洞(断面积约为 37 m²)采用直径为 6.9 m 单护盾双模式 TBM 施工,TBM 模式掘进至 F_5 断层前 20 m 转化为 EPB(土压平衡)模式,TBM 模式和 EPB 模式如图 6-30 所示。EPB 模式利用 TBM 最前面的全断面刀盘,将隧道前方岩体切削下来,随后进入刀盘后面的开挖舱(密封舱)内,通过调节开挖舱内的土体存量使开挖舱内具有一定的压力与开挖面水土压力保持平衡,以减少 TBM 推进开挖作业时对地层的扰动,达到预防地表沉降的目的,在出土时通过安装在开挖舱底部的螺旋运输机将渣土从排土口连续排出,舱内的螺旋输送机出土量与刀盘的推进量取得平衡以进行连续出土工作,土压的稳定依靠刀盘切削速度、推进力和螺旋输送机的转速联合协调。在 TBM 敞开掘进时,由于海底隧道存在软弱围岩涌水等风险,因此在 TBM 设备上增加 1 台超前钻机,及时进行超前地质预报。TBM 平行辅助导洞在穿越 F_5 断层后通过横通道与大青线主线隧道相接。

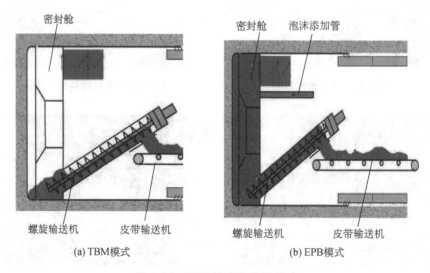

(a) TBM模式   (b) EPB模式

图 6-30 TBM 模式和 EPB 模式

6.2.2　海底隧道 TBM 施工产尘

　　TBM 平行导洞最前方是开挖舱,舱内有用于开挖的刀盘,开挖舱后方是换刀平台(更换刀盘平台),开挖舱上部有左右对称的两个密封门用于检修和更换刀盘,开挖舱下部有溜槽用于卸载螺旋输送机输出的渣土,密封门位于换刀平台上方,溜槽位于换刀平台下方。TBM 掘进过程中产生的渣土通过螺旋输送机经溜槽卸载到皮带机,通过皮带机运送至隧道外。渣土经溜槽卸载到皮带机的过程中会产生大量的粉尘,如图 6-31 所示,这些粉尘在掘进面弥漫,并随着风流往隧道后方扩散,恶化整个隧道。

图 6-31　溜槽出口后方环境

　　隧道施工中喷雾洒水除尘是最常用的方法,但在海底隧道施工过程中,因涌水现象严重,为了减轻排水负担,杜绝使用喷雾洒水等湿式除尘方法。为了降低掘进面粉尘浓度,中铁二局技术人员实施了初始除尘方案,优化前隧道内初始除尘系统如图 6-32 所示,在

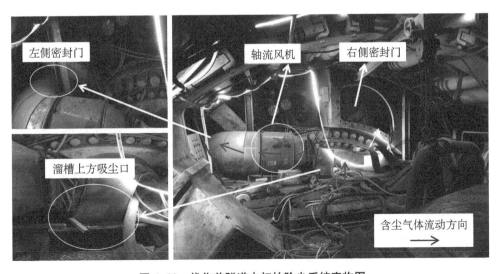

图 6-32　优化前隧道内初始除尘系统实物图

换刀平台安装轴流风机,风机入口通过风筒连接吸尘罩,吸尘罩置于溜槽上方,风机出口连接到左侧密封门。优化前隧道内粉尘运移示意图如图 6-33 所示,当风机运行时,溜槽处产生的粉尘经吸尘罩吸入轴流风机并通过左侧密封门排入开挖舱内。隧道内配备压入式风筒,其直径为 1 000 mm,压入风量为 600 m^3/min,为隧道开挖面提供新鲜空气。掘进过程中产生的粉尘形成了"开挖舱—溜槽—吸尘罩—轴流风机—左侧密封门—开挖舱"的循环流动,在整个循环过程中粉尘浓度降幅小,同时又有掘进过程中新产生的粉尘加入循环风中,使得整个循环风中粉尘浓度增加,对风机造成很大损坏。此外,吸尘罩不能将溜槽处的粉尘全部吸入风机内,仍有部分粉尘逃逸,随着运行时间的增加,会使隧道内粉尘浓度增加,损害工人健康。

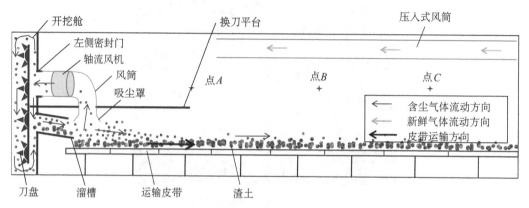

图 6-33 优化前隧道内粉尘运移示意图

6.2.3 TBM施工干法过滤除尘系统设计及清灰系统优化

1) 干法过滤除尘系统设计

为了解决青岛地铁 8 号线隧道内粉尘污染问题,研发了适用于青岛地铁 8 号线海底隧道 TBM 掘进施工除尘的脉冲滤筒除尘器,不仅能实现高效除尘的效果,还无须用水。TBM 开挖面设备集中、空间狭小,经实地调研,只有换刀平台有可利用空间,可利用空间仅有 1.8 m×2 m×1.5 m(长×宽×高),由于安装平台空间受限,因此除尘器选择使用离心风机来缩短除尘器长度,除形状与轴流风机不同之外,相同功率情况下离心风机风压更大,吸尘效果更好。此外,除尘器出风口没有选择在箱体后方,而是在箱体侧壁,这样能使离心风机出口沿隧道直接向后方排放,降低巷道内风流紊乱。

自主研发的干法过滤除尘系统如图 6-34 所示,其示意图如图 6-35 所示,除尘器主要包括负压离心风机、主箱体、滤筒、清灰系统等,具体介绍如下:

(1) 离心风机

选用的离心风机功率为 11 kW,风量约为 100 m^3/min,尺寸为 0.9 m×0.7 m×

1.02 m(长×宽×高),为整个除尘系统提供气体流动动力。

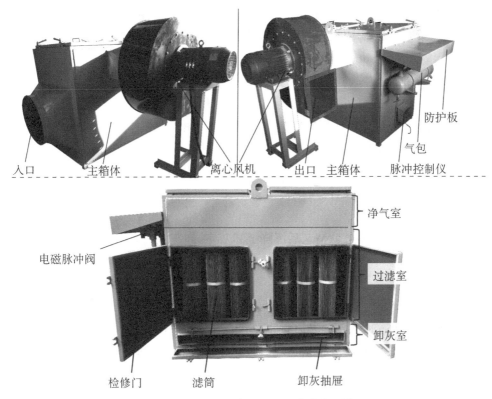

图 6-34 自主研发的干法过滤除尘系统

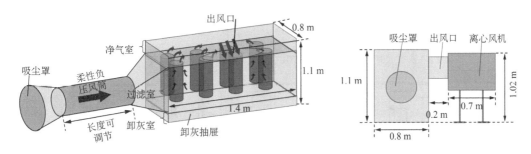

图 6-35 干法过滤除尘系统示意图

(2) 主箱体

除尘器主箱体尺寸为 1.4 m×0.8 m×1.1 m(长×宽×高),主箱体主要包括净气室、过滤室和卸灰室,其进风口直径为 0.5 m。含尘气流进入除尘器本体后,先进入中部过滤室,粉尘经滤筒过滤后,清洁气流穿过滤筒进入上部净气室;然后由除尘器出口流出,而沉积在滤筒外壁的粉尘经脉冲喷吹清灰后沉降至卸灰室。

（3）滤筒和花板

花板用于安装滤筒和分隔过滤室与净气室，也是滤筒的检修平台。除尘器内部共有 28 个滤筒，滤筒按 4 排 7 列排列，所用滤筒为褶皱式金属网滤筒，可大大增加安全性，其材质与第 6.1 节所用滤筒材质相同，滤筒的外径、内径、高度、褶数、褶高和过滤面积分别为 145 mm、80 mm、600 mm、75 个、25 mm 和 2.4 m²。

（4）清灰系统

清灰系统包括气包(5.2 L)、压缩空气管道、减压阀、压力表、油水分离器、脉冲控制仪、4 根喷吹管、4 个 DFM-Z-25S 型电磁脉冲阀等。由于气包体积较小，为保证每次喷吹时气包内有足够量的压缩气体，各个脉冲阀之间的开启间隔为 2 min。针对传统脉冲滤筒除尘器分排清灰不均匀造成除尘器压降过高的问题，结合第 5 章内容对除尘器脉冲喷吹清灰系统进行优化设计。

（5）卸灰系统

滤筒外壁粉尘经脉冲喷吹清灰后沉降至卸灰室，卸灰室内有 4 个卸灰抽屉，通过卸灰抽屉将粉尘排出。

2）清灰系统优化

（1）实验装置和方法

实验装置如图 6-36 所示，主要包括主箱体、安装在花板上的 7 个滤筒、脉冲喷吹系统和测试系统。测试系统主要包括 AZ8250 型压差计和用于测试滤筒内壁静压的静压传感器(安装方法参考第 5 章)。脉冲喷吹清灰系统包括气包(5.2 L)、CQ-B-DCYC 型号脉冲控制仪、DFM-Z-25S 型号电磁脉冲阀、3 种类型喷吹管和优化后的喷吹管。喷吹管内径和长度分别为 28 mm 和 1 300 mm，每个喷吹管上有 7 个喷嘴，普通喷吹管的参数如表 6-4 所示。

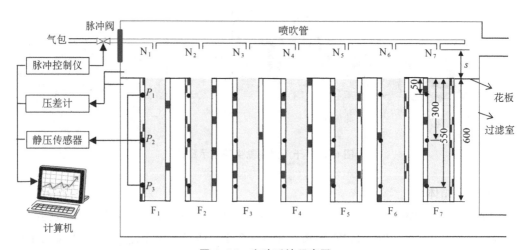

图 6-36　实验系统示意图

表 6-4 普通喷吹管参数

喷嘴直径 d/mm	喷吹距离 L_s/mm
6	90、130、160
8	90、130、160
10	90、130、160

海底隧道内提供的压缩气体压力为 0.5 MPa，因此本实验中气包内气体压力选择 0.5 MPa，脉冲宽度为 0.15 s。采用静压传感器测量沿滤筒长度方向的内壁静压，利用喷嘴直径优化的方法提高同一喷吹管下滤筒之间喷吹清灰不均匀的现象。

（2）喷嘴直径和喷吹距离优化

实验中利用不同喷嘴直径和喷吹距离条件下的滤筒内壁静压峰值来评价脉冲喷吹强度，此评价方法被多次应用于实验测试中[196,247]。不同状态下滤筒内壁 3 个测点的压力峰值如图 6-37 所示。由图 6-37 可知，脉冲喷吹强度受喷嘴直径和喷吹距离的影响，沿滤筒长度方向上滤筒内壁静压峰值从上到下逐渐增加。点 P_3 和点 P_2 的静压峰值分别是点 P_1 的 2～4 倍和 2 倍左右。实验结果与 Lo、Qian 和 Li 等[192,196,246]的研究相同，主要是因为气流在滤筒顶部未完全膨胀。沿喷吹管气体流动方向，滤筒内壁对应测点的静压峰值都逐渐增加，和前人[194,197]数值模拟结果相对应。

当喷嘴直径为 6 mm 时，点 P_1 和 P_2 的静压峰值随喷吹距离的增加而增加，但点 P_3 降低；当喷嘴直径为 8 mm 时，点 P_1 和 P_2 的静压峰值随喷吹距离的增加先增加后降低，而点 P_3 只有降低的现象；当喷嘴直径为 10 mm 时，点 P_1、P_2 和 P_3 的静压峰值随喷吹距离的增加而降低。3 个测点的静压峰值变化规律不同，这主要是因为不同的喷嘴直径对应不同的最优喷吹距离，喷嘴直径越小，则需要更大的喷吹距离来实现脉冲气流的膨胀[247]。

根据 Qian 等[196]的研究，滤筒内壁 3 个测点的静压峰值平均值被用来表示脉冲喷吹效果，本书相关测试数据如表 6-5 所示。当喷嘴直径为 6 mm、8 mm 和 10 mm 时，最优喷吹距离分别为 160 mm、130 mm 和 90 mm。在上述最优条件下，7 个滤筒的静压峰值平均值分别为 0.962 Pa、1.028 Pa 和 1.005 Pa。因此当喷嘴直径为 8 mm、喷吹距离为 130 mm 时，脉冲喷吹系统性能最优。然而，在此最优状态下，对于滤筒 F_1～F_7，3 个测点的静压峰值平均值分别为 0.89 Pa、0.93 Pa、0.97 Pa、1.02 Pa、1.08 Pa、1.12 Pa 和 1.19 Pa。滤筒 F_7 的静压峰值平均值是滤筒 F_1 的 1.34 倍，这会导致同一喷吹管下滤筒之间的清灰不均匀。因此，需要对喷嘴进行优化来提高滤筒之间脉冲喷吹清灰的均匀性。

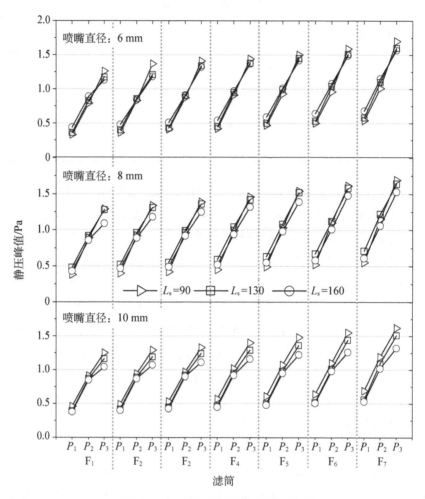

图 6-37　滤筒内壁 3 个测点的静压峰值

表 6-5　滤筒内壁 3 个测点的静压峰值平均值

喷嘴直径 d/mm	喷吹距离 L_s/mm	3 个测点的静压峰值平均值/Pa							平均值 /Pa
		F_1	F_2	F_3	F_4	F_5	F_6	F_7	
6	90	0.79	0.85	0.9	0.92	0.97	1.02	1.08	0.933
	130	0.79	0.82	0.89	0.93	0.98	1.03	1.09	0.932
	160	0.82	0.83	0.91	0.96	1.01	1.07	1.13	**0.962**
8	90	0.85	0.89	0.92	0.97	1.02	1.08	1.13	0.98
	130	0.89	0.93	0.97	1.02	1.08	1.12	1.19	**1.028**
	160	0.79	0.85	0.89	0.93	0.97	1.02	1.07	0.931

喷嘴直径 d/mm	喷吹距离 L_s/mm	3 个测点的静压峰值平均值/Pa							平均值 /Pa
		F_1	F_2	F_3	F_4	F_5	F_6	F_7	
10	90	0.87	0.91	0.94	0.1	1.05	1.1	1.17	**1.005**
	130	0.81	0.83	0.87	0.9	0.95	0.99	1.05	0.915
	160	0.76	0.78	0.81	0.84	0.88	0.92	0.96	0.850

（3）喷吹管喷嘴直径优化

第 5 章提出了同一喷吹管下各个滤筒之间清灰均匀性优化的方法,该方法考虑了喷嘴截面积对脉冲喷吹强度的影响,采用优化因子 K_{nj}（单个滤筒内壁的静压峰值平均值与 7 个滤筒内壁的静压峰值平均值之比）来计算优化后的喷嘴直径。优化因子和优化后的喷嘴直径可由式(5-1)~(5-5)计算。

优化因子和优化后的喷嘴直径如图 6-38 所示。对于喷嘴直径,由于加工精度受限,对喷嘴直径进行四舍五入取值,因此,优化后沿喷吹管内气体流动方向喷嘴直径分别为 8.5 mm、8.5 mm、8.0 mm、8.0 mm、8.0 mm、7.5 mm 和 7.5 mm。在相同实验条件下对优化后的喷吹管进行测试,图 6-39 是优化前后滤筒内壁 3 个测点的静压峰值平均值,并用 7 个滤筒的静压峰值平均值的标准差 σ 来表征脉冲喷吹清灰的均匀性。

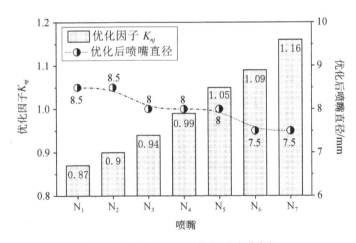

图 6-38　优化因子和优化后喷嘴直径

标准差越小,脉冲喷吹清灰均匀性越高[222],优化前后 7 个滤筒的静压峰值平均值分别为 1.029 Pa 和 1.026 Pa,标准差分别为 0.140 4 和 0.128 1。尽管优化后的静压峰值平均值略有降低,但优化后的脉冲喷吹清灰均匀性有所增加。优化后的脉冲喷吹系统被应用于脉冲滤筒除尘器的设计以提高清灰效率。

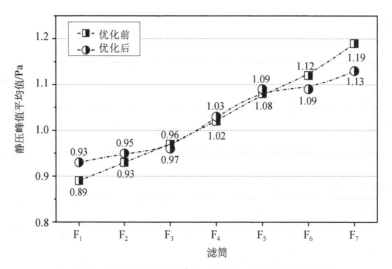

图 6-39 优化前后滤筒内壁 3 个测点的静压峰值平均值

6.2.4 TBM 施工隧道内除尘系统优化

2018 年 7 月，对 TBM 平行导洞除尘系统进行优化改造，将原有轴流风机拆除，在换刀平台左侧安装脉冲滤筒除尘器，将除尘器入口通过骨架风筒与左侧密封门连接，离心风机出口朝向隧道掘进面后方，优化后除尘系统示意图如图 6-40 所示，其现场应用如图 6-41 所示。在隧道开挖过程中，由于刀盘与岩土的切割挤压等使得开挖舱内产生大量岩石粉尘，对人体危害极大。除尘系统优化后，在离心风机的负压作用下，开挖舱内的含尘气体经负压骨架风筒进入除尘器内部，含尘气体经滤筒过滤后，粉尘附着在滤筒外壁，过滤后的清洁空气穿过滤筒进入净气室，再经离心风机排出。由于离心风机的负压作用，溜槽周围含尘气体被吸入开挖舱，保证隧道前方无粉尘逃逸，整个掘进面前方形成了"溜槽—开挖舱—除尘器"的气体流动方向，实现将含尘气体净化后再排放。

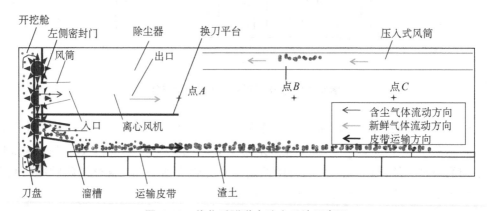

图 6-40 优化后隧道内除尘系统示意图

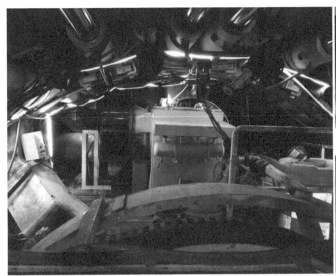

(a) 除尘器置于换刀平台上

(b) 左侧密封门

(c) 风筒连接左侧密封门

图 6-41　干法过滤除尘器现场应用图

6.2.5　现场测试

为了验证改造后的除尘系统的除尘效果,在除尘系统改造前后分别进行了相关测试。在隧道内选取 3 个测点 A、B 和 C,测点 A 位于换刀平台末端,测点 B 和 C 距离换刀平台末端的距离分别为 10 m 和 20 m,3 个测点距离人行道高度约 1.5 m(大约位于人的呼吸高度)。选用两台 CCZ-1000 测尘仪对各个测点的全尘浓度和呼尘浓度进行测试,两台测尘仪同时在一个测点进行测试,一台测试全尘浓度,另一台测试呼尘浓度,每次测试 3 min。

在除尘系统改造前,测试了轴流风机开启前以及轴流风机开启后 1 h、4 h 后 3 个测点的粉尘浓度,每个测点测试 4 次,测试数据如图 6-42 所示,3 个测点的除尘效率如图 6-44 所示。由图 6-42 和 6-43 可知,轴流风机开启前,隧道内粉尘浓度较高,测点 A 处全尘浓度为 81.78 mg/m³,呼尘浓度为 56.48 mg/m³;开启轴流风机 1 h 后隧道内粉尘浓度降低,全尘、呼尘浓度分别降为 31.26 mg/m³、22.39 mg/m³;当轴流风机运行 4 h 后,隧道内粉尘浓度相比运行 1 h 有所增加,增加为 43.74 mg/m³ 和 31.85 mg/m³,除尘效率降低,这主要是因为轴流风机使得隧道掘进面处形成循环风,在循环的过程中造成粉尘积聚,部分粉尘从溜槽处向隧道后方扩散,引起隧道内粉尘浓度增加。呼尘是引起尘肺病的主要因素,轴流风机开启前、开启 1 h、开启 4 h 后测点 A 处的"呼尘/全尘"(呼尘与全尘的比例)分别为 0.69、0.72 和 0.73,即随着除尘器运行时间的增加,呼尘所占比例增加。

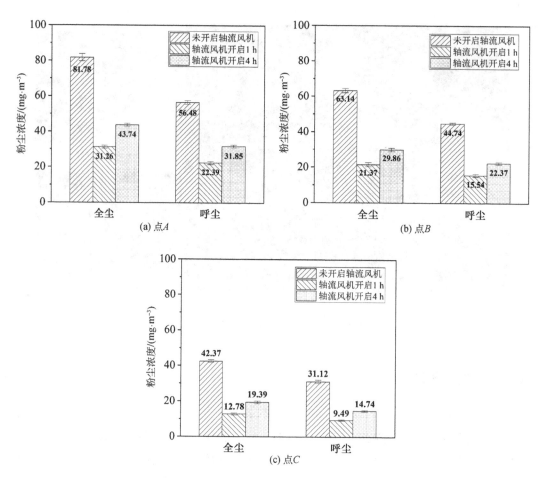

图 6-42 不同状态下除尘系统改造前 3 个测点的粉尘浓度

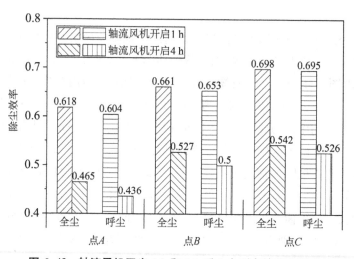

图 6-43 轴流风机开启 1 h 和 4 h 后 3 个测点的除尘效率

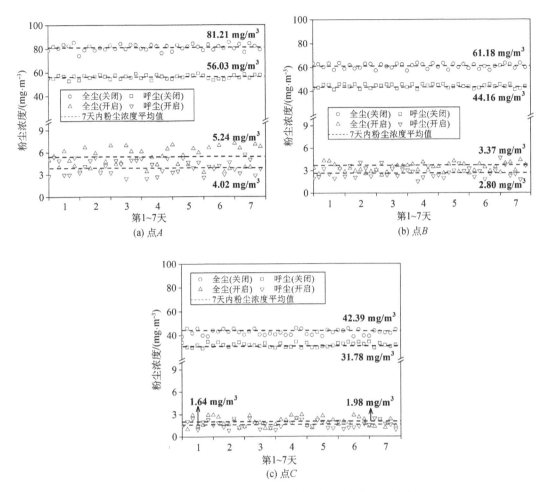

图 6-44 除尘器开启前后隧道内 3 个测点的粉尘浓度

测点 B 和 C 处的粉尘浓度与测点 A 有相同的变化规律，点 C 粉尘浓度依次低于点 B 和点 A，此外，点 C 处"呼尘/全尘"依次高于点 B 和点 A。这主要是由于粉尘随风流往后方飘逸的过程中发生了沉降和稀释，且粉尘粒径越大越容易沉降。

在除尘系统改造后，为了检测改造后除尘系统是否稳定，进行了为期一周的测试。开启除尘器待系统运行稳定后进行测试，每天测试 6 组数据，上午、下午、晚上各 2 组，每组测 3 次，除尘器开启前后粉尘浓度如图 6-44 所示。由图 6-44 可知，1 周内隧道内粉尘浓度变化相对稳定。对于测点 A，开启除尘器前全尘、呼尘浓度分别为 81. 21 mg/m³、56. 03 mg/m³，开启除尘器后，全尘、呼尘浓度降为 5. 24 mg/m³、4. 02 mg/m³，全尘、呼尘除尘效率分别为 93. 54%、92. 83%，与改造前相比除尘效率显著提高。测点 B 的全尘、呼尘浓度分别从 61. 18 mg/m³、44. 16 mg/m³ 降为 3. 37 mg/m³、2. 80 mg/m³。测点 C 的全尘、呼尘浓度分别从 42. 39 mg/m³、31. 78 mg/m³ 降为 1. 98 mg/m³、1. 64 mg/m³。如图 6-45 所示为除尘器开启前后隧道内掘进面处环境，可以看到除尘器开启后隧道内的作业环境得到明显改善。

(a) 除尘器开启前　　　　　　　　　　　　　　(b) 除尘器开启后

图 6-45　除尘器开启前后隧道内掘进面处环境变化

6.2.6　海底隧道 TBM 施工中粉尘治理小结

本节设计了适用于海底隧道 TBM 施工的脉冲滤筒除尘器,并对其脉冲喷吹清灰系统进行了优化,优化后的脉冲滤筒除尘器应用于青岛海底隧道地铁 8 号线施工现场,主要研究结论如下:

(1) 脉冲喷吹清灰效果受喷嘴直径和喷吹距离的综合作用影响,实验中,喷嘴直径为 6 mm、8 mm 和 10 mm 时的最优喷吹距离分别为 160 mm、130 mm 和 90 mm,并且喷嘴直径为 6 mm、喷吹距离为 130 mm 时清灰效果最佳。但滤筒之间仍存在明显的脉冲喷吹清灰不均匀现象,如滤筒 F_7 的平均静压峰值是滤筒 F_1 的 1.34 倍。

(2) 本书采用优化因子求解最优喷嘴直径。优化后沿喷吹管内气体流动方向的喷嘴直径分别为 8.5 mm、8.5 mm、8.0 mm、8.0 mm、8.0 mm、7.5 mm 和 7.5 mm。优化前后的标准差分别为 0.140 4 和 0.128 1,通过喷嘴优化提高了脉冲喷吹清灰均匀性。优化后的清灰系统用来指导设计脉冲滤筒除尘器,提高整机清灰效果。

(3) 自制脉冲滤筒除尘器主要包括金属网滤筒、脉冲阀、喷吹管、风机等,具有除尘效率高、零耗水的优点。利用除尘器对青岛地铁 8 号线海底隧道 TBM 掘进面通风除尘系统进行改造。改造前,轴流风机开启 1 h 后 3 个测点的全尘、呼尘除尘效率都低于 70%,开启 4 h 后 3 个测点的全尘、呼尘除尘效率低于 55%,即随着轴流风机运行时间的增加,隧道内环境被恶化。改造后,在隧道内进行了为期一周的测试,开启除尘器后点 A 的全尘、呼尘浓度分别从 81.21 mg/m³、56.03 mg/m³ 降为 5.24 mg/m³、4.02 mg/m³,点 B 的全尘、呼尘浓度分别从 61.18 mg/m³、44.16 mg/m³ 降为 3.37 mg/m³、2.80 mg/m³,点 C 的全尘和呼尘浓度分别从 42.39 mg/m³、31.78 mg/m³ 降为 1.98 mg/m³、1.64 mg/m³。开启除尘器后隧道内 3 个测点全尘、呼尘除尘效率都大于 92％,有效降低了隧道内粉尘浓度,改善了作业人员工作环境。

6.3 本章小结

为进一步验证干法过滤除尘技术在隧道施工过程中的有效性,本章以中铁四局京沈高铁朝阳隧道和中铁二局青岛地铁 8 号线海底隧道为实验基地,进行隧道施工过程中干法过滤除尘的研究与实践,主要结论如下:

(1) 针对中铁四局京沈高铁朝阳隧道钻爆法施工提出了干法过滤除尘方法,设计了干法过滤除尘系统。该系统为长箱体结构,采用褶皱式金属网滤筒过滤、气控脉冲喷吹清灰和刮板输送机收集粉尘,利用隧道内现有高压电、高压气作为运行、清灰和卸灰动力。通过实验室测试得到脉冲滤筒除尘器本体全尘除尘效率为 98.41％,入口风量为 202.26 m³/min,出口风量为 218.15 m³/min,漏风率为 7.86％。现场测试结果表明脉冲滤筒除尘器本体全尘、呼尘除尘效率分别为 98.13％、97.86％,除尘器在现场应用中过滤性能良好。在掌子面放炮、衬砌台车喷浆和掌子面出碴 3 种不同施工环境下全尘、呼尘除尘效率都在 80％以上,衬砌台车喷浆时干法过滤除尘系统的除尘效果最优,其全尘除尘效率为 88.17％,呼尘除尘效率为 87.28％,对呼吸性粉尘的净化效果尤为显著。

(2) 针对中铁二局青岛地铁 8 号线海底隧道 TBM 施工设计了干法过滤除尘系统,该系统主要包括金属网滤筒、脉冲阀、喷吹管、风机等,具有除尘效率高、零耗水的优点。结合第 5 章喷吹管优化方法对具有 7 个喷嘴的喷吹管进行优化,实验中,喷嘴直径为 6 mm、8 mm 和 10 mm 时的最优喷吹距离分别为 160 mm、130 mm 和 90 mm,并且喷嘴直径为 6 mm、喷吹距离为 130 mm 时清灰效果最佳。随后采用优化因子求解最优喷嘴直径,优化后沿喷吹管内气体流动方向的喷嘴直径分别为 8.5 mm、8.5 mm、8.0 mm、8.0 mm、8.0 mm、7.5 mm 和 7.5 mm。优化前后的标准差分别为 0.140 4 和 0.128 1,通过喷嘴优化提高了脉冲喷吹清灰均匀性。利用除尘器对青岛地铁 8 号线海底隧道 TBM 掘进面通风除尘系统进行改造。改造前,轴流风机开启 1 h 后 3 个测点的全尘、呼尘除尘效率都低于 70％,开启 4 h 后 3 个测点的全尘、呼尘除尘效率都低于 55％,即随着轴流风机运行时间的增加,隧道内环境被恶化。改造后,在隧道内进行了为期一周的测试,开启除尘器后隧道内 3 个测点全尘、呼尘除尘效率都大于 92％,有效降低了隧道内粉尘浓度,改善了作业人员工作环境。

参 考 文 献

［1］ 赵勇,李鹏飞.中国交通运输隧道发展数据统计分析[J].Engineering,2018,4(1)：11-16.

［2］ 郭陕云.我国隧道和地下工程技术的发展与展望[J].现代隧道技术,2018,55(S2)：1-14.

［3］ 中华人民共和国交通运输部.2018年中国完成交通运输固定资产投资3.2万亿元[EB/OL].(2019-02-28)[2020-06-03].http://www.chinanews.com/gn/2019/02-28/8767733.shtml.

［4］ 洪开荣.中国城市轨道交通2018年度数据统计[J].隧道建设(中英文),2019,39(4)：694-697.

［5］ 洪开荣.近2年我国隧道及地下工程发展与思考(2017—2018年)[J].隧道建设(中英文),2019,39(5)：710-723.

［6］ 中华人民共和国交通运输部.2018年交通运输行业发展统计公报[EB/OL].(2019-04-12)[2020-08-21].jt.hainan.gov.cn/xxgk/0200/0202/201912/t20191217_2722164.html.

［7］ 宋振华.中国掘进机械行业2018年度数据统计[J].隧道建设(中英文),2019,39(5)：898-899.

［8］ 戈文昌.钻爆法隧道滤筒除尘器流场模拟及优化[D].成都:西南交通大学,2018.

［9］ Li S H, Zhou F B, Wang F, et al. Application and research of dry-type filtration dust collection technology in large tunnel construction[J]. Advanced Powder Technology, 2017,28(12):3213-3221.

［10］谢超.浅谈TBM施工隧道通风与除尘[J].建筑机械化,2015,36(11)：77-79.

［11］孙忠强.公路隧道钻爆法施工粉尘运移规律及控制技术研究[D].北京:北京科技大学,2015.

［12］李颖,张晓华,罗光明,等.职业性尘肺病患者并发症临床分析[J].中国职业医学,2019,46(1)：75-77.

［13］陈生.隧道掘进机通风除尘和配套辅助设备的应用[J].公路,2014,59(11)：

212-215.

[14] Chang P，Chen Y P，Xu G，et al. Numerical study of coal dust behaviors and experimental investigation on coal dust suppression efficiency of surfactant solution by using wind tunnel tests[J]. Energy Sources，Part A：Recovery，Utilization，and Environmental Effects，2019,1-16.

[15] Huang Y，He J Y，Zhang Y L. Analysis on the monitoring results of occupational health of workers who leaving their posts from small-sized coal mines[J]. Chinese Journal of Industrial Hygiene and Occupational Diseases，2019,37(4):283-285.

[16] Piller M，Nobile E，Hanratty T J. DNS study of turbulent transport at low Prandtl numbers in a channel flow[J]. Journal of Fluid Mechanics，2002,458：419-441.

[17] 中华人民共和国国家卫生健康委员会. 2018 年我国卫生健康事业发展统计公报[EB/OL]. (2019-05-22)[2020-06-11]. http://www. nhc. gov. cn/guihuaxxs/s10748/201905/9b8d52727cf346049de8acce25 ffcbd0. shtml.

[18] 中华人民共和国国家卫生健康委员会. 2016 年我国卫生和计划生育事业发展统计公报[EB/OL]. (2017-08-18)[2020-06-20]. http://www. nhc. gov. cn/guihuaxxs/s10748/201708/d82fa7141696407abb4ef 764f3edf095. shtml.

[19] 中华人民共和国国家卫生健康委员会. 2015 年我国卫生和计划生育事业发展统计公报[EB/OL]. (2016-07-20)[2020-07-05]. http://www. nhc. gov. cn/guihuaxxs/s10748/201607/da7575d64fa04670b5f375 c87b6229b0. shtml.

[20] 中华人民共和国国家卫生健康委员会. 2014 年我国卫生和计划生育事业发展统计公报[EB/OL]. (2015-10-29)[2021-01-08]. http://www. nhc. gov. cn/guihuaxxs/s10748/201510/aaf5dfab38e8480cbe81c46 cda804266. shtml.

[21] 陈志强.钻爆法隧道施工粉尘防治的研究[D].济南:山东大学,2008.

[22] 中华人民共和国生态环境部.国务院办公厅关于印发大气污染防治行动计划实施情况考核办法(试行)的通知[EB/OL]. (2014-05-28)[2021-03-09]. http://www. mee. gov. cn/zcwj/gwywj/201811/t20181129_676566. shtml.

[23] 中华人民共和国生态环境部.国务院关于印发"十三五"生态环境保护规划的通知[EB/OL]. (2016-11-24)[2021-03-08]. http://www. gov. cn/zhengce/content/2016-12/05/content_5143290. htm.

[24] 中华人民共和国中央人民政府.国务院办公厅关于印发国家职业病防治规划(2016—2020 年)的通知[EB/OL]. (2017-01-04)[2020-04-20]. http://www. gov. cn/zhengce/content/2017-01/04/content_5156356. htm.

[25] 中华人民共和国生态环境部.中华人民共和国大气污染防治法[EB/OL]，

(2018-11-13)[2020-04-20]. http://www.mee.gov.cn/ywgz/fgbz/fl/201811/t20181113_673567.shtml.

[26] 赵玉报,陈寿根,谭信荣.长大隧道施工中干式除尘机理及应用[J].现代隧道技术,2014,51(3):200-205.

[27] 罗方武.长大隧道施工中干式除尘机理及应用[J].工程技术研究,2018(1):23-25.

[28] 国家安全生产监督管理总局.煤矿安全规程[EB/OL].(2016-02-25)[2020-04-20]. http://www.gov.cn/zhengce/2022-11/15/content_5712798.htm.

[29] 吴贵毅.钻爆法隧道施工中的粉尘治理[J].黑龙江交通科技,2013,36(7):129-130.

[30] 张福宏,陈举师,高杨,等.煤层干式钻孔粉尘运动及粒径分布的数值模拟[J].清华大学学报(自然科学版),2018,58(10):872-880.

[31] Seinfeld J H. Atmospheric chemistry and physics of air pollution [J]. Environmental Science and Technology, 1986, 20(9): 863.

[32] Gail L. More efficient dust removal through reduced-turbulance ventilation and suspended-particle filtration[J]. Zentralblatt Fur Arbeitsmedizin Arbeitsschutz Und Prophylaxe, 1977, 27(12):297-302.

[33] Kanaoka C, Furuuchi M, Inaba J, et al. Flow and dust concentration near working face of a tunnel under construction[J]. Journal of Aerosol Science, 2000, 31:31-32.

[34] 金龙哲,黄元平.德国煤矿防尘技术及其发展前景[J].矿业世界,1996(2):1-5.

[35] 李岚,周维奇.吸尘滚筒原理及其除尘效果[J].世界煤炭技术,1994,20(1):37-39.

[36] Brierley T. The third international congress on mine ventilation Harrogate, U.K., June 13-19, 1984[J]. Mining Science and Technology, 1985, 2(2):153.

[37] 蒋仲安,闫鹏,陈举师,等.岩巷掘进巷道长压短抽通风系统参数优化[J].煤炭科学技术,2015,43(1):54-58.

[38] 蒋仲安,张中意,谭聪,等.基于数值模拟的综采工作面通风除尘风速优化[J].煤炭科学技术,2014,42(10):75-78.

[39] 王辉,蒋仲安,黄丽婷,等.掘进巷道中长压短抽式通风合理压抽比实验研究[J].辽宁工程技术大学学报(自然科学版),2011,30(2):168-171.

[40] 杜翠凤,王辉,蒋仲安,等.长压短抽式通风综掘工作面粉尘分布规律的数值模拟[J].北京科技大学学报,2010,32(8):957-962.

[41] 郜运怀,张国祥.风管变径及风机接力在长大隧道施工通风中的应用[J].科学之友,2013(2):54-56.

[42] 杨胜,陈霞,高旭. 深埋长隧洞 TBM 施工通风除尘技术的应用[J]. 东北水利水电,2009,27(7):18-20.

[43] 贾德祥,刘雅俊,杨正全,等. 风幕集尘风机的样机实测及结果分析[J]. 阜新矿业学院学报(自然科学版),1996,15(2):144-147.

[44] 刘雅俊,葛少成,郑丹. 风幕集尘风机的研究[J]. 辽宁工程技术大学学报(自然科学版),2001,20(1):9-10.

[45] 葛少成. 风幕集尘风机流场的数学模型[D]. 阜新:辽宁工程技术大学,2002.

[46] 刘雅俊,葛少成,刘剑. 风幕集尘风机及其短路流场的数学模型研究[J]. 中国安全科学学报,2002,12(1):69-72.

[47] 刘雅俊,王继仁,葛少成. 风幕集尘风机研究[C]//中国科学技术协会2001年学术年会论文集. 长春,2001.

[48] 贾宝山,汪伟,祁云,等. 综掘工作面风幕集尘风机除尘系统设计及试验研究[J]. 煤炭科学技术,2018,46(4):141-145.

[49] 祝天姿. 综掘面机载风幕集尘除尘装置研究[D]. 阜新:辽宁工程技术大学,2012.

[50] 李谢玲. 基于风幕集尘除尘系统的综掘面粉尘防治研究[J]. 煤炭技术,2018,37(5):178-180.

[51] Li Y C, Liu J, Liu B. Study on dust collection and removal systems in heading face based on air curtain technology[J]. Mine Safety and Efficient Exploitation Facing Challenges of the 21st Century, 2010:299-305.

[52] 陈彩云. 基于风幕技术的综掘面粉尘防治研究[D]. 阜新:辽宁工程技术大学,2008.

[53] 李雨成. 基于风幕技术的综掘面粉尘防治研究[D]. 阜新:辽宁工程技术大学,2010.

[54] 杨靖. 综掘面风幕控尘综合实验平台设计研究[D]. 阜新:辽宁工程技术大学,2014.

[55] Li Yucheng, Liu J. Numerical simulation of dust control using air curtain based on gas-solid two-phase flow[J]. Journal of Liaoning Technical University, 2012, 31(5):765-769.

[56] 程卫民,杨俊磊,周刚. 基于高压气幕技术的综掘面封闭式除尘系统参数优化设计[J]. 煤矿安全,2013,44(7):14-17.

[57] 聂文,魏文乐,刘阳昊,等. 岩石机掘面多径向旋流风控除尘方法的研究与应用[J]. 中南大学学报(自然科学版),2016,47(10):3612-3619.

[58] Cheng W M, Nie W, Yao Y J, et al. Numerical simulation on the flow field of swirling flow air curtain aspiration control dust in fully mechanized workface[J]. Journal of China Coal Society, 2011,36(8):1342-1348.

[59] Nie W, Cheng W M, Zhou G. Formation mechanism of pressure air curtain and analysis of dust suppression's effects in mechanized excavation face[J]. Journal of China Coal Society, 2015, 40(3):609-615.

[60] 于忠强. 空气雾化喷嘴雾化特性的实验研究[D]. 大连:大连理工大学, 2014.

[61] 李德文. 粉尘防治技术的最新进展[J]. 矿业安全与环保, 2000, 27(1):10-12.

[62] 王德明. 矿尘学[M]. 北京:科学出版社, 2015:250.

[63] 任万兴. 煤矿井下泡沫除尘理论与技术研究[D]. 徐州:中国矿业大学, 2009.

[64] 周刚. 综放工作面喷雾降尘理论及工艺技术研究[D]. 青岛:山东科技大学, 2009.

[65] Goodrich B A, Koski R D, Jacobi W R. Monitoring surface water chemistry near magnesium chloride dust suppressant treated roads in Colorado[J]. Journal of Environmental Quality, 2009, 38(6):2373-2381.

[66] Li S H, Jin H, Hu S D, et al. Experimental investigation and field application of pulse-jet cartridge filtor in TBM tunneling construction of Qingdao Metro Line 8 subsea tunnel [J]. Tunnelling and Underground Space Technology, 2020, 108(12):103690.

[67] Beck T W, Seaman C E, Shahan M R, et al. Open-air sprays for capturing and controlling airborne float coal dust on longwall faces[J]. Mining Engineering, 2018, 70(1):42-48.

[68] Yang S B, Nie W, Lv S S, et al. Effects of spraying pressure and installation angle of nozzles on atomization characteristics of external spraying system at a fully-mechanized mining face[J]. Powder Technology, 2019, 343:754-764.

[69] Hu S Y, Huang Y S, Feng G R, et al. Investigation on the design of atomization device for coal dust suppression in underground roadways[J]. Process Safety and Environmental Protection, 2019, 129:230-237.

[70] 王健, 刘荣华, 王鹏飞, 等. 常用压力式喷嘴雾化特性及降尘性能研究[J]. 煤矿安全, 2019, 50(8):36-40.

[71] 王鹏飞, 李泳俊, 刘荣华, 等. 内混式空气雾化喷嘴雾化特性及降尘效率研究[J]. 煤炭学报, 2019, 44(5):1570-1579.

[72] 付守旺. 我国公路隧道施工抑尘剂综述[J]. 城市建设理论研究(电子版), 2018, 25(25):133.

[73] 栾昌才, 陈荣策. 国内外矿用湿式除尘器发展概况[J]. 煤矿安全, 1994(6):36-40.

[74] Uspenskii V A, Solov'ev V I. Toward computation of vortex type dust collecting apparatus[J]. Journal of Engineering Physics, 1970, 18(3):314-320.

[75] 李玢玢, 许勤, 洪运, 等. 矿用湿式除尘器的发展和现状[J]. 矿山机械, 2016, 44(11):4-9.

［76］ 康士伟,张其嫒. 一种湿式除尘器:CN204865430U[P]. 2015-12-16.

［77］ 赵永强,侯红玲,王保民. 隧道除尘专用车辆设计及稳定性分析[J]. 矿山机械, 2009,37(15):45-47.

［78］ 周辉平,曹一南. 潜孔冲击器湿式凿岩研究[J]. 长沙矿山研究院季刊,1990, 10(3):84-92.

［79］ 顾仁. 苏联露天矿防尘技术[J]. 工业安全与防尘,1985,11(6):26-33.

［80］ 白梅林. YQ-150潜孔钻机湿式凿岩十四年[J]. 矿山机械,1986,14(4):31-33.

［81］ 岳忠翔. 特长山岭隧道钻爆法施工中消烟降尘技术探索[J]. 天津建设科技,2018, 28(2):29-31.

［82］ 国外矿山防尘综合动态[J]. 工业安全与环保,1971,27:42-44.

［83］ 郑志强. 水压爆破技术在长、大隧道施工中的应用[J]. 海峡科学,2010(4):48-50.

［84］ 吴志刚. 水介质耦合钻孔爆破及其在隧道工程中的应用[D]. 成都:西南交通大 学,2009.

［85］ 黄槐轩,程康. 高速公路隧道掘进水封爆破技术试验研究[J]. 土工基础,2014, 28(3):138-140.

［86］ 刘俊杰. 水压光面爆破在老格山隧道开挖中的应用[J]. 隧道建设(中英文),2014, 34(11):1087-1091.

［87］ 刘博,黄丹. 水泡泥填塞在大直径深孔爆破中的应用[J]. 有色金属工程,2015, 5(S1):116-119.

［88］ 金龙哲,刘结友,于猛. 高效水炮泥的降尘机理及应用研究[J]. 北京科技大学学 报,2007,29(11):1079-1082.

［89］ 李向东,孙萌苑. 新型水炮泥降低爆破烟尘的试验[J]. 煤炭科学技术,2011, 39(1):53-56.

［90］ 程良奎. 喷射混凝土[M]. 北京:中国建筑工业出版社,1990.

［91］ 赵琪. 基于性能的高致密可调凝喷射混凝土设计及施工技术研究[D]. 上海:同济 大学,2008.

［92］ 颜海建. 湿喷混凝土技术在六盘山隧道的应用研究[J]. 铁道建筑,2017(6):81-84.

［93］ Price F H. Dust-suppression (pneumoconiosis) experiments at a Kent Colliery. [J]. Transactions Inst Mining Engineers, 1946.

［94］ Mullins C R. Dust suppression in Yorkshire-Foam boring and wet boring in stone drifts[J]. Iron and Coal Trades Review, 1950,160(1):1221-1225.

［95］ Park C K. Abatement of drill dust by the application of foams and froths[J]. Physical Review Letters, 1971,112(24):246401.

［96］ Seibel R J. Dust control at a transfer point using foam and water sprays[R]. Washington, D. C. : U. S. Department of the Interior, Bureau of Mines, 1976,

[97] Laboratory D, Wojtowicz A. Foam suppression of respirable coal dust[M]. [S. l.]: Monsanto Research Corporation, Dayton Laboratory, 1974.

[98] 陈东生. 全岩掘进机的泡沫灭尘[J]. 煤矿机电, 1986(6):7-8.

[99] 周长根. 凿岩泡沫除尘[J]. 工业安全与防尘, 1988, 14(4):15-19.

[100] 蒋仲安, 李怀宇, 杜翠凤. 泡沫除尘机理与泡沫药剂配方的要求[J]. 中国矿业, 1995, 4(6):61-64.

[101] 蒋仲安, 李怀宇, 杜翠凤. 泡沫发生器性能和除尘效率的实验研究与分析[J]. 金属矿山, 1996(5):41-43.

[102] Wang H, Wang D, Ren W, et al. Application of foam to suppress rock dust in a large cross-section rock roadway driven with roadheader[J]. Advanced Powder Technology, 2013, 24(1):257-262.

[103] Wang H, Guo W, Zheng C, et al. Effect of temperature on foaming ability and foam stability of typical surfactants used for foaming agent[J]. Journal of Surfactants and Detergents, 2017, 20(3):615-622.

[104] 王德明, 任万兴, 王兵兵, 等. 一种用于煤矿井下的泡沫除尘系统: CN21180560Y[P]. 2009-01-14.

[105] 李德英. 静电吸尘在公路隧道通风中的应用[J]. 现代隧道技术, 2002, 39(1):58-61.

[106] 罗慧, 周开壹, 孙学军. 静电除尘装置(ESP)在我国公路隧道中应用的可行性[J]. 公路工程, 2012, 37(1):91-94.

[107] 杨洪海, 郭浩, 崔兴华, 等. 静电除尘器在公路隧道中的试验研究[J]. 现代隧道技术, 2019, 56(1):164-168.

[108] 袁强. 静电除尘系统在厦门翔安隧道工程中的应用[J]. 交通科技, 2017(4):108-110.

[109] 鲁娜, 孙丹凤, 罗朋振, 等. 静电除尘技术在公路隧道空气净化中的应用[J]. 环境科学与技术, 2017, 40(1):95-100.

[110] 任高杰, 王昆峰. 隧道综合除尘措施的探讨[J]. 卷宗, 2013(6):207.

[111] 陆茂成, 葛非池, 许居鹓, 等. 隧道干式除尘机的研制与使用[C]//中国土木工程学会隧道及地下工程学会第八届年会论文集. 洛阳, 1994.

[112] 张殿印, 王纯. 脉冲袋式除尘器手册[M]. 北京:化学工业出版, 2011.

[113] 中国环保产业协会袋式除尘委员会. 袋式除尘器滤料及配件手册[M]. 沈阳:东北大学出版社, 2007.

[114] 颜翠平. 脉冲喷吹褶皱式滤筒的清灰效果及机理研究[D]. 合肥:中国科学技术大学, 2014.

[115] 张崇栋. 铁路隧道除尘技术及标准的研究与应用[J]. 现代隧道技术, 2016,

53(5):1-5.

[116] 赵德刚. 袋式洗滤除尘器在狭长隧道施工中的应用[J]. 铁道建筑技术, 2000(3): 43-45.

[117] 刘潭平, 陆立鸥. 隧道施工使用除尘车的效益分析[J]. 现代隧道技术, 2015, 52(6): 208-212.

[118] Li S H, Hu S D, Xie B, et al. Influence of pleat geometry on the filtration and cleaning characteristics of filter media [J]. Separation and Purification Technology, 2019, 210: 38-47.

[119] Chen D R, Pui D Y H. Optimization of pleated filter designs[J]. Journal of Aerosol Science, 1996, 27(4): 654-655.

[120] Durre R F, Berven R P. Pleated paper filter cartridge[Z]. [S. l.]: Google Patents, 1980.

[121] Amano H, Watanabe H, Ikeno H, et al. Apparatus for collecting dust and a pleated-type filter therefor[Z]. [S. l.]: Google Patents, 2011.

[122] Lo L M, Chen D R, Pui D Y H. Experimental study of pleated fabric cartridges in a pulse-jet cleaned dust collector[J]. Powder Technology, 2010, 197(3): 141-149.

[123] Mao N, Yao Y P, Hata M, et al. Comparison of filter cleaning performance between VDI and JIS testing rigs for cleanable fabric filter [J]. Powder Technology, 2008, 180(1): 109-114.

[124] Weidemann C, Vogt S, Nirschl H. Cleaning of filter media by pulsed flow-establishment of dimensionless operation numbers describing the cleaning result [J]. Journal of Food Engineering, 2014, 132: 29-38.

[125] 林廷全, 禹元, 魏刚, 等. 大风量滤筒除尘器在水泥厂的应用[J]. 新世纪水泥导报, 2011, 17(4): 44-45.

[126] 周道. 滤筒除尘器在化工行业中的应用及探讨[J]. 广东建材, 2008, 24(11): 104-106.

[127] 席玉林, 季晓珑. 滤筒除尘器在水泥行业的应用[J]. 内蒙古石油化工, 2011, 37(8): 116-117.

[128] 孙一坚, 欧阳莉, 杨昌智. 滤筒式除尘器及其应用[J]. 通风除尘, 1995, 14(2): 26-28.

[129] 梅谦, 杨振坤, 杨国亮, 等. 滤筒除尘器将更新换代袋式除尘器[C]//中国环境科学学会. 中国环境科学学会学术年会论文集(2010). 上海, 2010.

[130] 苏庆勇. 小型移动式滤筒除尘器的设计[J]. 煤矿机械, 2007, 28(6): 32-34.

[131] 郑娟. 井下干式滤筒除尘器的改进设计及气流均匀性分析[J]. 浙江海洋学院学

报(自然科学版),2013,32(3):270-275.

[132] 姜艳艳,陈海焱.滤筒除尘器在矿井除尘中的应用与研究[J].矿山机械,2009,
37(6):42-45.

[133] 周福宝,李建龙,李世航,等.综掘工作面干式过滤除尘技术实验研究及实践[J].
煤炭学报,2017,42(3):639-645.

[134] Li S H, Xie B, Hu S D, et al. Removal of dust produced in the roadway of coal
mine using a mining dust filtration system[J]. Advanced Powder Technology,
2019,30(5):911-919.

[135] 范兰,章亚振,王加东.KCG 系列矿用干式除尘器在煤矿井下掘进工作面的应用
[J].能源技术与管理,2019,44(2):147-149.

[136] 朱浩.新型矿用干式除尘器的设计研究[J].煤矿机械,2018,39(12):26-27.

[137] 张文清.干式除尘系统在全岩大巷掘进中的应用[J].建井技术,2017,38(2):
46-48.

[138] 贾连鑫.干式除尘器在煤矿掘锚工作面的应用实践[J].煤矿机械,2017,38(3):
123-126.

[139] 王加东,陈健永,范兰,等.KCG 矿用干式除尘器在煤矿井下粉尘治理中的应用
[J].能源技术与管理,2014,39(5):7-10.

[140] Park O H, Yoo G J, Seung B J. A lab-scale study on the humidity conditioning
of flue gas for improving fabric filter performance[J]. Korean Journal of
Chemical Engineering, 2007,24(5):717-722.

[141] Joubert A, Laborde J C, Bouilloux L, et al. Influence of humidity on clogging
of flat and pleated HEPA filters[J]. Aerosol Science and Technology, 2010,
44(12):1065-1076.

[142] Joubert A, Laborde J C, Bouilloux L, et al. Modelling the pressure drop across
HEPA filters during cake filtration in the presence of humidity[J]. Chemical
Engineering Journal, 2011,166(2):616-623.

[143] Gupta A, Novick V J, Biswas P, et al. Effect of humidity and particle
hygroscopicity on the mass loading capacity of high efficiency particulate air
(HEPA) filters[J]. Aerosol Science and Technology, 1993,19(1):94-107.

[144] Hajra M G, Mehta K, Chase G G. Effects of humidity, temperature, and
nanofibers on drop coalescence in glass fiber media[J]. Separation and
Purification Technology, 2003,30(1):79-88.

[145] Cheremisinoff N P. 3 - Cake filtration and filter media filtration[J]. Liquid
Filtration, 1998:59-87.

[146] Gao P, Xue G, Song X S, et al. Depth filtration using novel fiber-ball filter

media for the treatment of high-turbidity surface water[J]. Separation and Purification Technology，2012,95(30):32-38.

[147] Hasolli N, Park Y O, Rhee Y W. Experimental study on filtration performance of flat sheet multiple-layer depth filter media for intake air filtration[J]. Aerosol Science and Technology, 2013,47(12):1334-1341.

[148] Hasolli N, Park Y O, Rhee Y W. Filtration performance evaluation of depth filter media cartridges as function of layer structure and pleat count[J]. Powder Technology, 2013,237(3):24-31.

[149] Phair P, Bensch L, Duchowski J, et al. Overcoming the electrostatic discharge in hydraulic, lubricating and fuel-filtration applications by incorporating novel synthetic filter media[J]. Tribology Transactions, 2005,48(3):343-351.

[150] Yan C P, Liu G J, Chen H Y. Effect of induced airflow on the surface static pressure of pleated fabric filter cartridges during pulse jet cleaning[J]. Powder Technology, 2013,249(11):424-430.

[151] Zhang M X, Chen H Y, Yan C P, et al. Investigation to rectangular flat pleated filter for collecting corn straw particles during pulse cleaning[J]. Advanced Powder Technology, 2018,29(8):1787-1794.

[152] Miguel A F. Effect of air humidity on the evolution of permeability and performance of a fibrous filter during loading with hygroscopic and non-hygroscopic particles[J]. Journal of Aerosol Science, 2003,34(6):783-799.

[153] Zaatari M, Novoselac A, Siegel J. The relationship between filter pressure drop, indoor air quality, and energy consumption in rooftop HVAC units[J]. Building and Environment, 2014,73:151-161.

[154] Motyl E, Lowkis B. Effect of air humidity on charge decay and lifetime of PP electret nonwovens[J]. Fibres and Textiles in Eastern Europe, 2006,14(5):59.

[155] Tang M, Thompson D, Chen S C, et al. Evaluation of different discharging methods on HVAC electret filter media[J]. Building and Environment, 2018, 141:206-214.

[156] de Haan P H, Van Turnhout J, Wapenaar K E D. Fibrous and granular filters with electrically enhanced dust capturing efficiency[J]. IEEE Transactions on Electrical Insulation, 1986,21(3):465-470.

[157] Romay F J, Liu B Y H, Chae S J. Experimental study of electrostatic capture mechanisms in commercial electret filters[J]. Aerosol Science and Technology, 1998,28(3):224-234.

[158] Lee M, Otani Y, Namiki N, et al. Prediction of collection efficiency of high-

performance electret filters[J]. Journal of Chemical Engineering of Japan，2002,35(1):57-62.

[159] Chang D Q, Chen S C, Pui D Y H. Capture of sub-500 nm particles using residential electret HVAC filter media-experiments and modeling[J]. Aerosol and Air Quality Research, 2017,16(12):3349-3357.

[160] Tang M, Chen S C, Chang D Q, et al. Filtration efficiency and loading characteristics of $PM_{2.5}$ through composite filter media consisting of commercial HVAC electret media and nanofiber layer[J]. Separation and Purification Technology，2018,198:137-145.

[161] Baumgartner H P, Löffler F. The collection performance of electret filters in the particle size range 10 nm-10 μm[J]. Journal of Aerosol Science, 1986, 17(3):438-445.

[162] Brown R C, Wake D, Gray R, et al. Effect of industrial aerosols on the performance of electrically charged filter material [J]. The Annals of Occupational Hygiene, 1988,32(3):271-294.

[163] Chang D Q, Chen S C, Fox A R, et al. Penetration of sub-50 nm nanoparticles through electret HVAC filters used in residence[J]. Aerosol Science and Technology, 2015,49(10):966-976.

[164] Otani Y, Emi H, Mori J. Initial collection efficiency of electret filter and its durability for solid and liquid particles[J]. Kagaku Kogaku Ronbunshu, 1992, 18(2):240-247.

[165] Gupta A, Novick V J, Biswas P, et al. Effect of humidity and particle hygroscopicity on the mass loading capacity of high efficiency particulate air (HEPA) filters[J]. Aerosol Science and Technology, 1993,19(1):94-107.

[166] Lathrache R, Fissan H. Fractional penetrations for electrostatically charged fibrous filters in the submicron particle size range[J]. Particle & Particle Systems Characterization, 1986,3(2):74-80.

[167] Jodeit H, Löffler F. The influence of electrostatic forces upon particle collection in fibrous filters[J]. Journal of Aerosol Science, 1984,15(3):311-317.

[168] Brook R D, Rajagopalan S, Pope C A, et al. Particulate matter air pollution and cardiovascular disease: an update to the scientific statement from the American Heart Association[J]. Circulation, 2010,121(21):2331-2378.

[169] Pei C X, Ou Q S, Pui D Y H. Effect of relative humidity on loading characteristics of cellulose filter media by submicrometer potassium chloride, ammonium sulfate, and ammonium nitrate particles [J]. Separation and Purification

Technology，2019，212：75-83.

[170] Miguel A F. Effect of air humidity on the evolution of permeability and performance of a fibrous filter during loading with hygroscopic and non-hygroscopic particles[J]. Journal of Aerosol Science，2003，34(6)：783-799.

[171] Yang S，Lee W M G，Huang H L，et al. Aerosol penetration properties of an electret filter with submicron aerosols with various operating factors [J]. Journal of Environmental Science and Health Part A：Toxic/Hazardous Substances and Enrironmental Engineering，2007，42(1)：51-57.

[172] Walsh D C，Stenhouse J I T. Parameters affecting the loading behavior and degradation of electrically active filter materials [J]. Aerosol Science and Technology，1998，29(5)：419-432.

[173] Otani Y，Emi H，Mori J. Initial collection efficiency of electret filter and its durability for solid and liquid particles[J]. Kagaku Kogaku Ronbunshu，1992，18(2)：240-247.

[174] Myers D L，Arnold B. D. Electret media for HVAC filtration applications[J]. International Nonwovens Journal，2003(4)：43-54.

[175] Montgomery J F，Green S I，Rogak S N. Impact of relative humidity on HVAC filters loaded with hygroscopic and non-hygroscopic particles [J]. Aerosol Science and Technology，2015，49(5)：322-331.

[176] Lo L M，Chen D R，Pui D Y H. Experimental study of pleated fabric cartridges in a pulse-jet cleaned dust collector[J]. Powder Technology，2010，197(3)：141-149.

[177] Saleh A M，Tafreshi H V. A simple semi-numerical model for designing pleated air filters under dust loading [J]. Separation and Purification Technology，2014，137：94-108.

[178] Joubert A，Laborde J C，Bouilloux L，et al. Influence of humidity on clogging of flat and pleated HEPA filters[J]. Aerosol Science and Technology，2010，44(12)：1065-1076.

[179] Li J L，Li S H，Zhou F B. Effect of cone installation in a pleated filter cartridge during pulse-jet cleaning[J]. Powder Technology，2015，284：245-252.

[180] Li J L，Zhou F B，Li S H. Effect of uniformity of the residual dust cake caused by patchy cleaning on the filtration process[J]. Separation and Purification Technology，2015，154：89-95.

[181] Park B H，Lee M H，Jo Y M，et al. Influence of pleat geometry on filter cleaning in PTFE/glass composite filter [J]. Journal of the Air & Waste

Management Association，2012,62(11):1257-1263.

[182] Lo L M，Chen D R，Pui D Y H. Experimental study of pleated fabric cartridges in a pulse-jet cleaned dust collector[J]. Powder Technology，2010,197(3): 141-149.

[183] Wakeman R J，Hanspal N S，Waghode A N，et al. Analysis of pleat crowding and medium compression in pleated cartridge filters[J]. Chemical Engineering Research and Design，2005,83(10):1246-1255.

[184] Kim J U，Hwang J，Choi H J，et al. Effective filtration area of a pleated filter bag in a pulse-jet bag house[J]. Powder Technology，2017,311:522-527.

[185] Théron F，Joubert A，le Coq L. Numerical and experimental investigations of the influence of the pleat geometry on the pressure drop and velocity field of a pleated fibrous filter[J]. Separation and Purification Technology，2017,182: 69-77.

[186] Liu D H F，Lipták B. Environmental engineers' handbook[M]. Boca Raton： CRC Press，1997.

[187] Kavouras A，Krammer G. A model analysis on the reasons for unstable operation of jet-pulsed filters[J]. Powder Technology，2005,154(1):24-32.

[188] Fotovati S，Hosseini S A，Tafreshi H V，et al. Modeling instantaneous pressure drop of pleated thin filter media during dust loading[J]. Chemical Engineering Science，2011,66(18):4036-4046.

[189] Simon X，Bémer D，Chazelet S，et al. Downstream particle puffs emitted during pulse-jet cleaning of a baghouse wood dust collector：Influence of operating conditions and filter surface treatment[J]. Powder Technology，2014,261:61-70.

[190] Saleem M，Krammer G. Optical in situ measurement of filter cake height during bag filter plant operation[J]. Powder Technology，2007,173(2): 93-106.

[191] Mao N，Yao Y P，Kanaoka C. Comparison of filtration performances of cleanable fabric filters measured by VDI and JIS testing rigs[J]. Advanced Powder Technology，2006,17(1):85-97.

[192] Lo L M，Hu S C，Chen D R，et al. Numerical study of pleated fabric cartridges during pulse-jet cleaning[J]. Powder Technology，2010,198(1):75-81.

[193] 钟丽萍,党小庆,劳以诺,等.脉冲袋式除尘器喷吹管内压缩气流喷吹均匀性的数值模拟[J].环境工程学报,2016,10(5):2562-2566.

[194] 赵美丽,周睿,沈恒根.袋式除尘器喷吹管设计参数对喷吹气量影响的计算分析

[J].环境工程,2012,30(3):63-66.

[195] Suh J M, Lim Y I, Zhu J. Influence of pulsing-air injection distance on pressure drop in a coke dust bagfilter[J]. Korean Journal of Chemical Engineering, 2011,28(2):613-619.

[196] Qian Y L, Bi Y X, Zhang Q, et al. The optimized relationship between jet distance and nozzle diameter of a pulse-jet cartridge filter[J]. Powder Technology, 2014,266:191-195.

[197] 樊百林,李芳芳,王宏伟,等.袋式除尘器喷吹管的气流均匀性研究[J].中国安全生产科学技术,2015,11(8):77-82.

[198] Choi J H, Seo Y G, Chung J W. Experimental study on the nozzle effect of the pulse cleaning for the ceramic filter candle[J]. Powder Technology, 2001, 114(1-3):129-135.

[199] Chi H C, Yu L, Choi J H, et al. Optimization of nozzle design for pulse cleaning of ceramic filter[J]. Chinese Journal of Chemical Engineering, 2008, 16(2):306-313.

[200] Lu H C, Tsai C J. Influence of different cleaning conditions on cleaning performance of pilot-scale pulse-jet baghouse[J]. Journal of Environmental Engineering, 2003, 129(9):811-818.

[201] Li Li S H, Zhou F B, Xie B, et al. Influence of injection pipe characteristics on pulse-jet cleaning uniformity in a pleated cartridge filter[J]. Powder Technology, 2018,328:264-274.

[202] Shim J, Joe Y H, Park H S. Influence of air injection nozzles on filter cleaning performance of pulse-jet bag filter[J]. Powder Technology, 2017,322:250-257.

[203] 向晓东.现代除尘理论与技术[M].北京:冶金工业出版社,2002.

[204] 张国权.气溶胶力学:除尘净化理论基础[M].北京:中国环境科学出版社,1987.

[205] 董志勇.射流力学[M].北京:科学出版社,2005.

[206] 徐世凯,王勇.自由射流出口临界雷诺数的确定[J].河海大学学报(自然科学版),2007,35(6):699-703.

[207] 昝军,刘祖德,赵云胜.独头巷道受限贴附射流特征参数对流场的影响研究[J].中国安全科学学报,2010,20(3):24-28.

[208] 张殿印,王纯.除尘工程设计手册[J].北京:化学工业出版社,2003.

[209] Li J L, Li S H, Zhou F B. Effect of moisture content in coal dust on filtration and cleaning performance of filters[J]. Physicochemical Problems of Mineral Processing, 2016,52(1):365-379.

[210] Li J L, Zhou F B, Li S H. Experimental study on the dust filtration

performance with participation of water mist［J］. Process Safety and Environmental Protection, 2017,109:357-364.

[211] 孙其诚,王光谦. 颗粒物质力学导论[M]. 北京:科学出版社,2009.

[212] Montgomery J F, Rogak S N, Green S I, et al. Structural change of aerosol particle aggregates with exposure to elevated relative humidity［J］. Environmental Science & Technology, 2015,49(20):12054-12061.

[213] Weingartner E, Burtscher H, Baltensperger U. Hygroscopic properties of carbon and diesel soot particles[J]. Atmospheric Environment, 1997,31(15): 2311-2327.

[214] Davies C N. Air Filtration[M]. London: Academic Press, 1973.

[215] British Standards Institution. Air filters for general ventilation. Part 4: Conditioning method to determine the minimum fractional test efficiency: ISO 16890—16894[S]. Geneva: BSI, 2016.

[216] Raynor P C, Chae S J. The long-term performance of electrically charged filters in a ventilation system[J]. Journal of Occupational and Environmental Hygiene, 2004,1(7):463-471.

[217] Montgomery J F, Green S I, Rogak S N. Impact of relative humidity on HVAC filters loaded with hygroscopic and non-hygroscopic particles［J］. Aerosol Science and Technology, 2015,49(5):322-331.

[218] Feng C L, Yu A D. Effect of liquid addition on the packing of mono-sized coarse spheres[J]. Powder Technology, 1998,99(1):22-28.

[219] Contal P, Simao J, Thomas D, et al. Clogging of fibre filters by submicron droplets. Phenomena and influence of operating conditions［J］. Journal of Aerosol Science, 2004,35(2):263-278.

[220] Tang M, Thompson D, Chang D Q, et al. Filtration efficiency and loading characteristics of $PM_{2.5}$ through commercial electret filter media［J］. Separation and Purification Technology, 2018,195:101-109.

[221] Moyer E S, Stevens G A. "Worst case" aerosol testing parameters: II. efficiency dependence of commercial respirator filters on humidity pretreatment ［J］. American Industrial Hygiene Association Journal, 1989,50(5):265-270.

[222] Li S H, Xin J, Xie B, et al. Experimental investigation of the optimization of nozzles under an injection pipe in a pulse-jet cartridge filter［J］. Powder Technology, 2019,345:363-369.

[223] Jeon K J, Jung Y M. A simulation study on the compression behavior of dust cakes[J]. Powder Technology, 2004,141(1-2):1-11.

［224］ 蒋葛夫,乔力伟.衬砌台车对游离 SiO_2 粉尘扩散阻碍特性监测研究［J］.环境工程,2018,36(4):170-175.

［225］ Chen Y S, Hsiau S S, Lee H Y, et al. Filtration of dust particulates using a new filter system with louvers and sublouvers［J］. Fuel, 2012,99:118-128.

［226］ Cheng Y H, Tsai C T. Factors influencing pressure drop through a dust cake during filtration［J］. Aerosol Science and Technology, 1998,29(4):315-328.

［227］ Choi J H, Ha S J, Bak Y C, et al. Particle size effect on the filtration drag of fly ash from a coal power plant［J］. Korean Journal of Chemical Engineering, 2002,19(6):1085-1090.

［228］ Tanabe E H, Barros P M, Rodrigues K. B, et al. Experimental investigation of deposition and removal of particles during gas filtration with various fabric filters［J］. Separation and Purification Technology, 2011,80(2):187-195.

［229］ Kim J H, Liang Y, Sakong K M, et al. Temperature effect on the pressure drop across the cake of coal gasification ash formed on a ceramic filter［J］. Powder Technology, 2008,181(1):67-73.

［230］ Lupion M, Rodriguez-Galan M, Alonso-fariñas B, et al. Investigation into the parameters of influence on dust cake porosity in hot gas filtration［J］. Powder technology, 2014,264:592-598.

［231］ Park B H, Kim S B, Jo Y M, et al. Filtration characteristics of fine particulate matters in a PTFE/glass composite bag filter［J］. Aerosol and Air Quality Research, 2012,12(5):1030-1036.

［232］ Salazar-Bsnda G R, LucaS R D, Coury J R, et al. The influence of particulate matter and filtration conditions on the cleaning of fabric filters［J］. Separation Science and Technology, 2012,48(2):223-233.

［233］ Visser J. Particle adhesion and removal: A review［J］. Particulate science and technology, 1995,13(3-4):169-196.

［234］ Silva C R N, Negrini V S, Aguiar M L, et al. Influence of gas velocity on cake formation and detachment［J］. Powder Technology, 1999,101(2):165-172.

［235］ Seville J, Cheung W, Clift R. Patchy-cleaning interpretation of dust cake release from non-woven fabrics［J］. Filtration and Separation, 1989,26(3):187-190.

［236］ Park B H, Lee M H, Jo Y M, et al. Influence of pleat geometry on filter cleaning in PTFE/glass composite filter［J］. Journal of the Air & Waste Management Association, 2012,62(11):1257-1263.

［237］ Chen D R, Pui D Y H, Tang Y M. Filter pleating design for cabin air filtration

[C]//SAE International. SAE Technical Paper Series. Warrendale, 1996.

[238] Chen D R, Pui D Y H. Optimization of pleated filter designs[J]. Journal of Aerosol Science, 1996,27(4):654-655.

[239] Caesar T, Schroth T. The influence of pleat geometry on the pressure drop in deep-pleated cassette filters[J]. Filtration & Separation, 2002,39(9):48-54.

[240] Berbner S, Löffler F. Pulse jet cleaning of rigid filter elements at high temperatures [M]//Clift R, Seville J P K. Gas Cleaning at High Temperatures. [S. l.]: Springer, 1993:225-243.

[241] Simon X, Chazelet S, Thomas D, et al. Experimental study of pulse-jet cleaning of bag filters supported by rigid rings[J]. Powder Technology, 2007, 172(2):67-81.

[242] Zhang Q, Chen H Y, Ju M, et al. Experiment on induction nozzle improving dust-cleaning efficiency of pulse-jet cartridge filters by induction nozzles [J]. Environmental Engineering, 2012,1.

[243] Ji Z L, Peng S, Tan L C. Numerical analysis of flow field in ceramic filter during pulse cleaning[J]. Chinese Journal of Chemical Engineering, 2003, 11 (6):626-632.

[244] Humphries W, Madden J J. Fabric filtration for coal-fired boilers: dust dislodgement in pulse jet filters[J]. Filtration and Separation, 1983,20(1): 40-44.

[245] Lu H C, Tsai C J. Numerical and experimental study of cleaning process of a pulse—jet fabric filtration system[J]. Environmental Science & Technology, 1996,30(11):3243-3249.

[246] Li J L, Li S H, Zhou F. Effect of cone installation in a pleated filter cartridge during pulse-jet cleaning[J]. Powder Technology, 2015,284:245-252.

[247] Li S H, Zhou F B, Xie B, et al. Influence of injection pipe characteristics on pulse-jet cleaning uniformity in a pleated cartridge filter [J]. Powder Technology, 2018,328:264-274.

[248] 周福宝,李建龙,李世航,等.综掘工作面干式过滤除尘技术实验研究及实践[J]. 煤炭学报,2017,42(3):639-645.

[249] 薛勇.滤筒除尘器[M].北京:科学出版社,2014.

[250] 国家煤矿安全监察局.矿用除尘器通用技术条件:MT/T 159—2019[S]. 北京: 应急管理出版社,2020.

变量注释表

F_D	流体阻力
f_r	粉尘颗粒形状阻力
f_D	粉尘颗粒摩擦阻力
C_D	阻力系数
d_p	粉尘颗粒直径
ρ	含尘气体密度
v_s	粉尘颗粒与流体的相对速度
F	粉尘颗粒所受外力
m	粉尘颗粒质量
ρ_p	粉尘颗粒真密度
r_0	圆形喷嘴半径
u_0	喷嘴出口断面上的速度
$\ddot{a}$	喷吹扩散角
Q_{in}	进口气体流量
c_{in}	进口粉尘浓度
Q_{out}	出口气体流量
c_{out}	出口粉尘浓度
Ω	漏风率
η	总除尘效率
η_1	第一级除尘器的除尘效率
η_2	第二级除尘器的除尘效率
η_n	第 n 级除尘器的除尘效率
c_i	单个出口实测粉尘浓度
Q_i	单个出口实测风量
P_η	穿透率
F_f	粉尘颗粒之间的摩擦力
β'	粉尘颗粒之间的摩擦系数
F_w	风流力
F_i	惯性力

F_a	黏附力
F_b	已沉降粉尘颗粒对新沉降粉尘颗粒的支撑力
θ	受力夹角
F_{qz}	粉尘颗粒之间的切向沉积力
F_{lq}	颗粒之间的液桥力
σ	液体表面张力
$E(d_x)$	不同粒径颗粒过滤效率
$c_{down}(d_x)$	下游颗粒浓度
$c_{up}(d_x)$	上游颗粒浓度
FOM	品质因子
E	加载过程中滤料的过滤效率
ΔP_T	总过滤阻力
ΔP_F	滤料过滤阻力
ΔP_C	粉尘层过滤阻力
k_1	滤料阻力系数
k_2	粉尘层比阻系数
v_f	过滤风速
W	单位面积沉积的粉尘质量
M	粉尘添加量
S	滤料过滤面积
s	粉尘层阻力系数
ε_k	粉尘层孔隙率
K_{K-C}	经验常数，等于 4.8（球形颗粒）或 5.0（不规则颗粒）
d_s	Sauter 平均直径
φ_s	颗粒球形度
$\dddot{m}$	受过滤风速影响的粉尘层压缩系数
b	孔隙率常数
K	滤料的透气性
μ	流动黏度
L	滤料厚度
ΔP_{Tc}	反向清灰总过滤阻力
v_c	反吹风速
ΔP_{Cc}	反向清灰粉尘层过滤阻力
R_e	滤料清灰效率
P_r	清灰后滤料残留过滤阻力
P_h	清灰前滤料最大过滤阻力
α	褶系数

β	褶夹角
P_L	褶长度
P_W	褶间距
P_H	褶高
$k_{i\alpha}$	单位面积粉尘层比阻系数
S_e	滤料有效过滤面积
t_c	过滤周期
K_{nj}	优化因子
N_{nj}	有 n 个喷嘴的喷吹管中第 j 个喷嘴
F_{nj}	喷吹孔 N_{nj} 所对应的滤筒
p_{enj}	滤筒 F_{nj} 内壁复合压力
$\bar{p}_e$	复合压力平均值
A_{nj}	优化前喷吹孔 N_{nj} 的面积
A'_{nj}	优化后喷吹孔 N_{nj} 的面积
d_{nj}	优化前喷吹孔 N_{nj} 的直径
d'_{nj}	优化后喷吹孔 N_{nj} 的直径
p	流体中某一点的压强
v	流体中该点的流速
ρ_L	流体密度
g	重力加速度
h	该点所在高度
c	常量
m	褶个数
D_{in}	滤筒内径
D_{out}	滤筒外径
L_H	滤筒高度
A_f	过滤面积
V	内部体积
$S.D.$	均方差
p_i	滤筒内壁点 P_1、P_2 和 P_3 处正压峰值
p_{max}	点 P_1、P_2 和 P_3 中正压峰值最大值
x_i	压力峰值归一化
$\bar{x}$	x_i 的平均值
d	喷嘴直径
L_s	喷吹距离
P_t	气包压力
n	喷吹管上喷嘴的数量

i	喷嘴数量
ε	孔管比
A_n	喷吹管上各喷嘴面积总和
A_P	喷吹管截面积
D	喷吹管管径
p_ε	复合压力
β_z	重要度系数,此处取 0.55
γ	重要度系数,此处取 0.45
$\bar{p}$	滤筒内壁点 P_1、P_2 和 P_3 处正压峰值平均值
t_d	清灰周期
c_e	粉尘排放浓度
Q_F	过滤性能指标
c_{in}	入口粉尘浓度
c_{out}	出口粉尘浓度
$\bar{P}$	平均过滤阻力
P_0	脉冲喷吹前气包压力
P_1	脉冲喷吹后气包压力
V_t	气包体积
t	持续时间/采样时间
$\ddot{n}$	时间 t 内的脉冲喷吹次数
Q	风机风量
d_{in}	前端管道内径
d_{out}	后端管道内径
$\alpha\varepsilon_p$	复合系数,此处采用锥形进口集流器,$\alpha\varepsilon_p = 0.96$
ΔP	风管进口 $0.75\,d_{in}$ 处的相对静压
P_a	实验地大气压力
t_{in}	进口处温度
t_{out}	出口处温度
P_d	测量截面处的平均动压
m_{in}	采样前滤膜质量
m_{out}	采样后滤膜质量
q	采样所用流量
ΔP_0	初始过滤阻力